団地再生まちづくり

建て替えずによみがえる
団地・マンション・コミュニティ

文化とまちづくり叢書

NPO団地再生研究会
合人社計画研究所 編著

水曜社

序――まちづくりのソフトなマネジメント

巽　和夫

旧東ドイツや東欧では団地再生が盛んです。それらの団地はプレファブで大量に供給され、画一的でした。住宅不足の時代にはそれでも成果があったのですが、メンテナンスが悪く、よいものを大事に使うというより建設ノルマの達成＝住宅不足解消が主体でした。日本における、過去の住宅公団を主体とした公的住宅供給も思想はそれに近いものでした。かつては、住宅不足を解消し、かつ新しい都市居住のスタイルを普及させるという意味で、公的機関が団地開発をすることは意義がありました。

しかし時代は変わり、団地も地域に根ざしたものが求められています。団地再生の大きな意味は、更地を開発するのとは違い、人が住み、出来上がっている環境を尊重しながら、居住者の意向・ニーズに合わせた改善がなされるところにあります。しかし、公的大規模組織は今までそのような経験がなく、対応が極めて不得手な体質を持っています。建築は土木とは異なり人間を相手にするものなので、これまでも人間や環境のことを考えてきてはいましたが、「再生」は更地にものを建てるのと違い、居住者や地域の様相を鑑みながら、これまであったものを生かしつつ、すでにあるものの一部を取り外し新しいものを付け加えるという対処なので、新しいテーマなのです。

日本は西ヨーロッパのイギリス・フランス等にも多くを学んできました。彼らも、団地はずいぶん昔のものを使っていますが、国により事情が異なるようです。高層住宅を受け入れる国、そうでない国があります。

北欧は高層住宅を受け入れていますが、イギリスは庭造りや低層住宅を好み、とくに高層住宅での事故以来、高層住宅を否定する方向で平面的密集のほうがよいと考えているようです。このように東と西、西でも国によって考え方が異なりますが、では日本はどう考えたらよいのでしょうか。

本書で何度も取り上げられているライネフェルデというまちは、社会体制の変化に伴い急激な人口流出で団地の空き家率が非常に高くなった結果、荒廃が起こり対処をせざるをえなくなりました。そこで、「減築《げんちく》」という手法が採用されています。

日本の場合はこれから人口が減少しますが、国内でも地域格差が出てくるでしょう。首都圏は住宅の問題に関しては楽観的で、UR（都市再生機構）の住宅も空き家は少ないのですが、一部に低家賃層が入居しており公営住宅的役割も果たしています。関西でUR住宅の空き家が多いのは、公営住宅の比率が高く、結果として家賃が比較的高く条件の悪いUR賃貸が苦戦しているからです。

空き家率は「家賃」・「建設年代」・「都心からの距離」などで関数化できるようで、団地を分類して対策を施すことが可能です。例えば、人気が高く極めて低空き家率のところは建て替えて高い家賃にして収益を上げる。中間的なところは再生し活用する。極めて高空き家率となるところは売却するというように、団地ごとに方針を立てることができます。

ところで、例えば多摩NT．や千葉NT．などの開発は、まだ完結していないのに人口減少時代を迎え、団地の維持は楽観視できません。これまでは新しい地域を開発することが主体でしたが、これからは立地により再生する値打ちのあるところ、再生の方策のないところというような優劣が大きく出てきます。

どういうところでどのようなタイプの再生がふさわしいかは検討に値します。日本においては「減築」の必要があるでしょうか。ライネフェルデほど深刻な人口減少が起きている状況ではないので、別の方策があるのではないでしょうか。

ＵＲ住宅団地は公営に比べ質が高く中所得者層が入居しており、また、公営住宅よりは政策的縛りが少ないので、当面の団地再生の対象はＵＲ住宅団地と考えることができます。ところが、ＵＲは新規に住宅を開発・建設するための組織になっていて、既存の住宅・団地を経営するマネジメントの仕事はあまり得意ではありません。住宅の貸し手市場だった時代の意識が抜けていないのでしょう。ある団地で、窓口での客対応を民間企業に依頼したところ、空き家率が下がったという例もあります。これからは民間との競争の時代なので、ＵＲでも少しずつ対応していますが、もっと抜本的にやる必要があるでしょう。日本ではマネジメントに重点を置けば、まだ「減築」という手立てを講じなくても充分に団地を生かすことができます。ＵＲに課せられているいろいろな制約をはずし、競争にさらすことで、郊外のファミリー型賃貸住宅経営のマネジメント技術を磨くことが必要です。

住宅は量的に充足している時代になっていますので、悪いストックは潰し、使えるストックは改善することになります。その際、地域の環境や歴史を生かして特色ある団地に再生する必要があるのですが、中心コンセプトとしてマネジメントをいかにしていくかが大いに問題です。ＵＲ団地は今までも現在もクローズしたシステムで、外部の施設を受け入れてきませんでした。これからは社会福祉施設、スポーツ施設、ボランティア施設など管轄外の諸施設を導入することも考えなければなりません。

また、日常的な団地・住宅の管理は、装置による機械管理に頼るのではなく、人手による管理に重点を置くようにすることが大切で、それがひいては居住者が仕事の一部を引き受ける機会をつくることにもつながります。これらを実現するには、法律・技術・組織・人事も含めＵ

Rの再位置づけが必要となります。また、そうしないと居住者との信頼関係が構築できないでしょう。

２００５年に国土交通省が実施した「集合住宅団地再生の提案募集」でも、ソフトの提案が結構たくさん提出されました。「再生」という場合、フィジカルなものにとどまらず、お金の調達も含めていかにマネジメントするかというソフト面が大切になります。例えば資金調達の方法として、賃貸住宅であっても入居者もお金を出して再生に貢献するというような手法や、公が資金を出すばかりでなく小口証券化など民のノウハウを生かし、運営組織も公・民がドッキングしたような中間的形態もありえるのではないでしょうか。

日本は急激な人口減少があるわけではないので、マイルドな再生施策が生きてきます。これからの住宅政策としては、例えば中心市街地活性化法のように、過密は調整して解消を図り、過疎は手当てをするものが必要であり、長期に時間をかけて徐々に対策を施していくことが必要です。

本書には、技術的な側面もさることながら、ソフトなまちづくりの視点が豊富に盛り込まれています。住宅を管理する側も住民も、再生においてこのソフトな視点を今後は大切にしていくことが肝要であるといえましょう。

序――団地再生プロジェクト
「スクラップ&ビルド（建て替え）」ではなく、現存する建物を活かす

澤田誠二／済藤哲仁

日本には昔から「家は古くなったら建て替えるもの」といった意識が根強くあります。ところが、壊しては建てる「スクラップ&ビルド」という日本流住文化に対して、ヨーロッパでは建て替えるケースはほとんどありません。集合住宅団地の建物を壊さずに、大規模修繕時等に思い切った改造、改善を加えてすばらしい住環境を手に入れるこの手法を、専門家は「団地再生」と呼んでいます。

◆「団地再生プロジェクト」とは？

日本では、1955年に日本住宅公団が設立され、1970年代にかけて団地建設による住宅供給が活発化しました。現在、日本の団地は、築後20～30年の節目を迎え、大規模修繕が必要な時期に入ってきています。ヨーロッパと異なり建て替えるケースも見受けられます。

「団地再生プロジェクト」とは、ヨーロッパの建て替えに頼らない団地の環境改善の手法に学び、建物が老朽化するなかで、現存する建物（あるいはその部分）で活用できる部分は活用し、今まで育てられてきたコミュニティや環境を活かしながら、現在の住生活要求に対応できるようにするものです。ちぐはぐになった居住者と建物の関係を修復し、建物を長持ちさせるとともに居住者が住み続けたくなるような環境をつくることです。現在、専門研究を行う『NPO団地再生研究会』と、企業レベルで団地再生を支援する『団地再生産業協議会』を中心

に活動を進めています。

◆ドイツ・ライネフェルデでの団地再生と日本での実現可能性

急速な人口減少に対応し、老朽化していく団地の再生を成功させた事例として、多くの示唆を与えてくれるのが、ドイツ（旧東ドイツ）ライネフェルデの団地再生事業です。傷んだ部分を補修しながら、部分的に増築や改築を行い、居住性もデザイン性もアップするという手法が用いられました。さらに「減築」と呼ばれる住棟の一部を解体して小規模化。上階を撤去した住棟をオフィスに転用したり、空いた空間に広場や庭園を設けるなど居住環境を向上させました。

ドイツでの手法をそのまま日本に持ち込むことは難しいですが、分譲マンションの管理においても学ぶ点は多くあります。重要なことは、居住者が団地再生の必要性を認識することです。

団地再生においては、基本コンセプトをしっかりと持たなくてはなりません。居住者の不満点を解決し、構想や夢を現実化するものでなければならないでしょう。学校や日常生活に必要な施設などの周辺環境、立地条件、居住者の年齢層や家族構成を把握し、プロジェクトごとに再生後のイメージをしっかりと描き、計画を立てることが大切です。

また、再生においては、プロジェクトマネージメントなどのソフトコンストラクションとハードコンストラクションの両面がありますが、調査から現状把握、基本コンセプトからデザイン、業者選択、コーディネート、さらには居住者の引っ越し・仮住まいなどソフトの部分にも充分な費用をかけることが、成功への鍵となります。ライネフェルデの事例では、このコストに全体の16％を充てました。日本の公団住宅の場合、その数分の一の費用です。事業の推進にあたっては、住民、行政（自治体）、建築家などの専門家が役割分担をし、一体となって、良質な住宅環境づくりを進めていくことが必要でしょう。

「団地再生」の手引き

本書には、さまざまな視点から団地再生を考える〈手がかり〉が報告されています。ここでは、団地再生の手がかりを「団地再生プロジェクト」に活かしていく全体イメージとして段階を追いながら概括しました。団地再生によるまちづくりの手引きとして、本書から新しい団地生活・コミュニティが芽生えることに期待します。

Hint 1 現在の問題を考えて、魅力を探す!

日頃から皆さんで
自分たちの生活に関心を持ち、
行動を起こすことが大切ではないでしょうか?

Hint 2 大規模修繕が必要な時期に入ってきたら

簡単に建て替え路線に乗らないことが大切です。
専門家に協力を仰ぎながら、大規模修繕の方法について、
しっかり調査検討する必要があります。

Hint 3 建て替えに頼らない団地の改善手法を知る!

改善手法は、実にさまざまです。ソフトコンストラクションとハードコンストラクションの視点から分類して、改善手法をとらえてみます。

CONTENTS

序 2 まちづくりのソフトなマネジメント 巽 和夫

序 6 団地再生プロジェクト ──「スクラップ&ビルド(建て替え)」ではなく、現存する建物を活かす 澤田誠二/済藤哲仁

第1章 過去の団地を〈未来のまち〉に

16 愛するまちに住み続けたい 昭和30年代後半のニュータウンでの再生に向けた取り組み
西村紀夫 市浦ハウジング&プランニング 専務取締役

21 わが団地は育ち盛り 多摩NT.タウンハウス鶴牧ー3での活動
雨宮守司 INA新建築研究所 代表取締役社長

26 住民との協働でまちを再生する シュンゲルベルク、ピーステルリッツ、ヴォルフェンの団地再生
永松 栄 地域デザイン研究所 代表取締役

30 自らの意志によって集合住宅をつくる モーレンフリート、トイトブルギアなどの団地再生
永松 栄

34 団地再生のまちに住んで ドイツ・ライネフェルデからのレポート
渡利真悟 アーキテクトタイタン 共同主宰

40 親しみあるまちなみづくりでコミュニティ再生 ストックホルムのラビ団地
澤田誠二 明治大学 理工学部 教授

44 人口減少に対応してストック活用 旧東ドイツのライネフェルデ団地
澁谷 昭 渋谷昭設計工房 代表取締役

第2章

環境にも人にもやさしい団地再生とは

49 公・共・私――それぞれの領域を考える ヘラースドルフ団地
永松 栄

54 環境にやさしい再生方法 ドイツの小集合住宅の団地再生
野沢正光 野沢正光建築工房 代表取締役

58 付け加え・取り去りで居住環境を整備 ライネフェルデのサスティナブルな団地再生
野沢正光

62 既存団地をエコタウンとして再生 スウェーデンのインスペクトーレン団地
大坪 明 武庫川女子大学 生活環境学部 教授

67 古いものから長所を見いだし、エッセンスを加える ドイツの再生の意識
西山由花 建築文化研究家

73 成熟社会のライフスタイルと住まいの選択 コレクティブハウジングの勧め
小谷部育子 日本女子大学 家政学部住居学科 教授

78 エコロジカルな住宅改修と省エネライフ 自宅で実践するサスティナブルな生活
濱 惠介 大阪ガス株式会社 エネルギー・文化研究所 研究主幹

第3章

安全に暮らせる団地をつくる

84 老朽化と荒廃の原因は「画一設計」 沖縄の団地の現状と再生にむけて①
福村俊治 チーム・ドリーム

CONTENTS

地方文化に配慮した設計とは　沖縄の団地の現状と再生にむけて②
福村俊治　89

人とのつながりの回復が団地を救う　トゥールーズ・ル・ミライユとバイルマミーアの団地再生
永松　栄　94

ヒューマンスケールの建築で人間性回復　モーツァルト団地とヒューム団地の再生
佐藤健正　市浦ハウジング&プランニング 代表取締役社長　98

第4章　団地再生はまちが再生すること

大規模改修で資産価値もアップ　公営賃貸住宅A団地への再生提案
西村紀夫　104

減築とデザインを駆使した再生手法　旧東独・ライネフェルデに学ぶ
澁谷　昭　109

レトロな洋館を集合住宅にする　住宅としてよみがえる東京・本郷の学舎
近角真一　集工舎建築都市デザイン研究所 所長　112

住みよい住環境求めたさまざまな試み　ノルウェーのサイロコンバージョンとインドネシアのソンボ団地
小野田明広　共同通信 客員論説委員　117

「こうなるといいな」と思い描く、団地再生の可能性　30代アーキテクトから再生事業の提案
済藤哲仁　現代計画研究所　122

団地の持つ固有のタカラモノに目を向ける　縮退する地方都市郊外の将来
福田由美子　広島工業大学 工学部建築工学科 助教授　127

第5章 「住み続けられる」団地設計

176
解体設計という技術　アスベスト問題と資源循環を考える
小山明男　明治大学 理工学部 助教授

182
建築学生は団地再生に興味があるか　団地再生卒業設計賞応募作品より
松岡拓公雄　建築家・滋賀県立大学 環境科学部 教授

巻末
団地再生に取り組む――活動報告

190
NPO法人ちば地域再生リサーチ
鈴木雅之　千葉大学 助手

192
名古屋建築会議（NAC）・団地再生を考える会／「拡大」名古屋圏の団地再生を考える会
村上　心　椙山女学園大学 生活科学部 助教授

194
特定非営利活動法人エコ村ネットワーキング
仁連孝昭　滋賀県立大学 環境科学部 教授

196
都市住宅学会関西支部「住宅団地のリノベーション研究小委員会」
大坪　明　武庫川女子大学 生活環境学科 教授

著者プロフィール／団地再生関連参考書籍

第1章

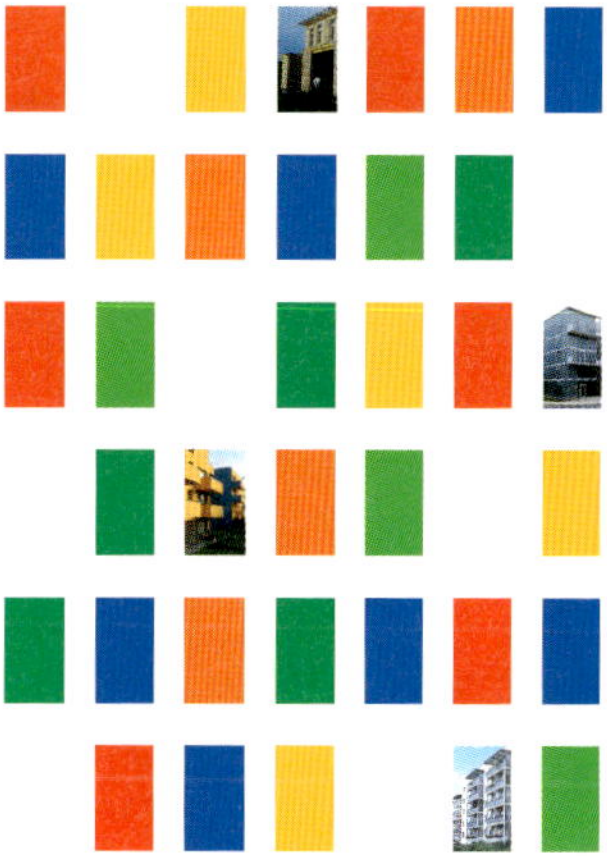

過去の団地を〈未来のまち〉に

築数十年経つ団地をいかに再生するか――。一筋縄ではいかないこの事業に、ヨーロッパでは、増築や改築、あるいは棟の一部を取り払う「減築」といったさまざまな手法で取り組んでいる。人口減少時代を迎えた日本では、古くなったからといってむやみに建て替えることはできない状況だ。そこで、団地再生の先進地であるヨーロッパの事例を見ながら、日本の「建て替えに頼らない」集合住宅を含む団地再生の手法を模索したい。

愛するまちに住み続けたい

昭和30年代後半のニュータウンでの再生に向けた取り組み

市浦ハウジング&プランニング 専務取締役　西村紀夫

にしむら・のりお
1943年生まれ。市浦ハウジング&プランニング専務取締役、京都工芸繊維大学非常勤講師

団地の建て替えには、居住者の合意形成が不可欠である。住民の意向を踏まえたうえで、団地を再生するには、どのような点に配慮すべきなのか。勉強会やワークショップの進め方から考えてみたい。

団地の建て替えは住民の合意形成から

団地再生には修繕という手法がありますが、昭和30～40年代に建てられたもののなかには、いろいろな理由から建て替えが必要なものもあるでしょう。「住み慣れたまちで暮らしたい」と願う気持ちに、共通の答えを見いだすことは簡単ではありません。そして団地建て替えの最大の難関は、居住者の合意形成にあるといってもいいでしょう。今回は、ある団地の取り組みをもとに、住民の合意形成について考えてみます。A団地は昭和40年代前半に建てられた1000世帯近い大規模団地です。都市計画法の制約、給排水や電気系統の老朽化、高齢者が多いことなどから、3年という短期間で建て替え決議を採るという厳しい目標を掲げました。非常に難しい条件ですが、具体的な目標を持つことで、気力を下げずに合意形成を図っていくことを目指したのです。

居住者の意識は熱しやすく冷めやすい

最初に開催した勉強会には半数の世帯の参加がありました。しかし、そうした熱気は冷めやすいもので、次第に非賛同、態度保留のかたがたとの距離が遠くなり、いちばん話し合いたいかたがたとの交流が難しい状況になっていました。建て替え検討は、有志が検討会を立ち上げ、理事会と諮《はか》って建て替え委員会となり、情報発信をしながら全体の合意を図るのが一般的ですが、団地の規模が大きくなると情報も伝わりにくく、その結果「〈有志〉が勝手にやっている」となりがちです。そうしないために、文書などでの情報伝達に加え、棟や階段室単位の懇談会などを行いました。建て替え委員が中心となり、何が不安で何を解決すれば建て替え検討ができるか、ダメな場合はどうするか、と居住者の思いを顕在化する努力をしています。こうした活動を続けた結果、その後のアンケートの回収率は9割近く、賛同率も上昇し再び組合員の関心を呼び起こすことができたようです。

継続した話し合いと意思決定できる組織づくり

合意形成を図るには不安や問題点への対応を一つずつ明らかにしていくことが重要です。例えば、最大の問題の一つに仮移転先の確保があります。高齢者のかたがたは一時的であっても環境変化には抵抗があり、体調を崩すのではないかという不安を持っています。お金の問題もあります。都心部では事業性も高く、従前の所有面積の確保が容易な場合もありますが、郊外では現在の状況から判断すると難しい。つまり、今と同じ面積に住むためには不足分を買い戻す必要があり、建て替え資金確保の不安を抱えます。入居したばかりの人は、二重ローンになることへの心配があります。

このほか、さまざまな課題がありますが、分科会をつくって検討を行い、的確な情報提供によって不安を和らげる努力を行っています。とくに高齢者や非賛同者のかたには、建て替えの必要性と検討内容について繰り返し話をして解決策を示し、不安を取り除くことを前提にしています。態度を保留しているかたがたにも積極的に呼びかけ、意思表示を促進するために懇談会を継続的に開いています。

一方、推進体制に不満を持つという、消極的な反対などで話し合いに応じてもらえないなどの問題もあります。そのため会議をオープンにする、提案事項や検討内容を文書として残す、ニュースとして知らせるなど、検討経緯の透明性にも気遣っています。

今後、各組合員の個人的な課題に踏み込んでいくことも考えられるため、弁護士の協力を得ながら個別相談を行うなど、不安の払拭、理解度の底上げをしながら、具体案の検討へ移行していくことになります。団地は自分の財産であると同時に共有財産であり、全体の資産活用を検討することなのだと認識し、個人が明確に意思表明することが合意形成には大切です。A団地では合意形成活動半ばですが、徐々に建て替え委員会や理事会が自信を持って組合員との対話、意思決定ができる組織となってきています。団地再生にはこのような体制構築が不可欠であるといえるでしょう。

ニュータウン再生は新しいまちづくり

B団地は昭和30年代後半にできた大規模団地で現在の人口は約2万人。長期積み立て分譲住宅のほか、公社や行政による賃貸集合住宅、戸建て分譲住宅など、異なる形式の住宅が、約200haの敷地内に集まるニュータウンです。ショッピングセンターを中心に公共施設も配置し、空間的にもゆとりのある緑多き理想的なまちとして計画されました。しかし、入居開始から40年が経過し、確実に居住者の高齢化も進んだ今、行政の積極的なサポートを受けながら約10年ほどの時間をかけながら再生計画自体を考えていこうとしています。この再生事業には建物の老朽化だけでなく、多様性のあるコミュニティの構築、バリアフリーや公共サービスなどの生活システムの見直し、既存の地域資産の活用などさまざまな角度からの検討が求められています。住民のかたがたの意向をまんべんなく吸い上げ、行政やNPOと地域が一体となって再生を推進する、一つの〈まちづくり〉です。

ニュータウンの場合、分譲、賃貸、集合住宅、戸建て住宅など、それぞれの住まい方によって課題も変わります。また、長期積み立て分譲に住む人はローンを家賃として払い、最終的に住宅を譲り受けるため持ち家意識が低く、当初は管理組合もありませんでした。そのため、ようやく手にしたマンションを前に改めて自主管理の問題を突きつけられた形です。

問題の掘り起こしはワークショップで

再生プランの第一ステージは、「ショッピングセンターを考える」「団地の住環境を考える」「団地の未来を考える」「住宅の将来像を決める」という4回のワークショップを通して、団地が抱えるさまざまな問題点を浮き彫りにすることから始まりました。行政や地元のコンサルタント会社、大学などが主導しながら、そこに商店街や住民による再生推進協議会などが連携して、毎回30人くらいの人が参加しています。

団地を再生するにはどんな方法があるか、どんな団地にしたいのか、一人ひとりが考える機会をつくったのです。ワークショップという手法は、講演会などのように一方的に知識をもらうのではなく、すべての人が能動的に参加し考えることが原則です。結果を得ることよりも、むしろその結果を導くまでのプロセスを重視します。そのため、参加者の肉声による多くの意見やアイディアを集めたり、全体のなかでの多

★ワークショップは一人で考え込まずに、みんなでワイワイ話しながらまとめること、出た意見は「いい、悪い」と評価せずに全部採用していくことがコツ

ワークショップの例

「まちの未来」を考えたワークショップ

同様に、団地の未来像を仮にA、B、Cと決め、以下の項目を記入した。

自分の住んでいる住宅の種類
団地の未来像
各未来像に対する満足度、10点満点評価
そのとき自分は○=同じ場所に住む　△=団地内の別の場所へ移転　×団地外へ移転
まちのためにあなたは何ができるか

戸建て住宅	A	8	○	センターの活性化、ニーズを選んだ経営が必要			企業が集まるのは好ましくない
	B	6	○				
	C	4	×				
戸建て住宅	A	9	○	高層化→人口増 交通の心配	ボランティア活動で地域に貢献	バリアフリー推進はいいが、若年層の流出にも歯止めを	環境にマイナス。活性化はいい
	B	8	○				
	C	8	○				
公社分譲	A	8	○	自治会活動で摩擦はなんとかなる バザーなど住民が仲よくなるもの	コミュニティの維持に不安。活動もおこせない	ケア付き分譲といったウリをつくる	
	B	7	×				
	C	10	○				
公社分譲	A	6	○	建て増しで利益を生む手法には反対。住民が現状で住み続けられる法制度が必要	高層化で天空率は下がる 地価も下がり若者には有利	高層化が避けられる 安くて便利な面はいい	交通量が増えるのは嫌だ コミュニティ・ビジネスはいい
	B	7	○				
	C	6.9	○				
県営賃貸	A	8	○	みんなにマナーを守ってもらうようにする	マナーを守れる人と住めるようにする	自分の趣味を中心とした生活を	マナー問題に取り組む
	B	9	○				
	C	8	○				
ショッピングセンター	A	9	○	高齢者が阻害されないように「食」を通した活動を	世代間交流事業の展開	生きがいを与えるNPO活動を推進	歴史を感じられるまちづくりを
	B	7	○				
	C	8	△				

［凡例］チャート内の色分け

A　B　C

A＝居住者が多様化するまち
B＝高齢者が住みよいまち
C＝企業が進出するまち

まちの現状を話し合うワークショップの結果

参加者を5〜6人ずつ班に分け、望ましい未来のためにはどうしたらいいかを話し合いながら1枚のシートにまとめた。緑、黄、ピンクの色分けは上の凡例に準ずる。班ごとにでき上がったシートを俯瞰することで、共通点や新たな視点などが見えてくる

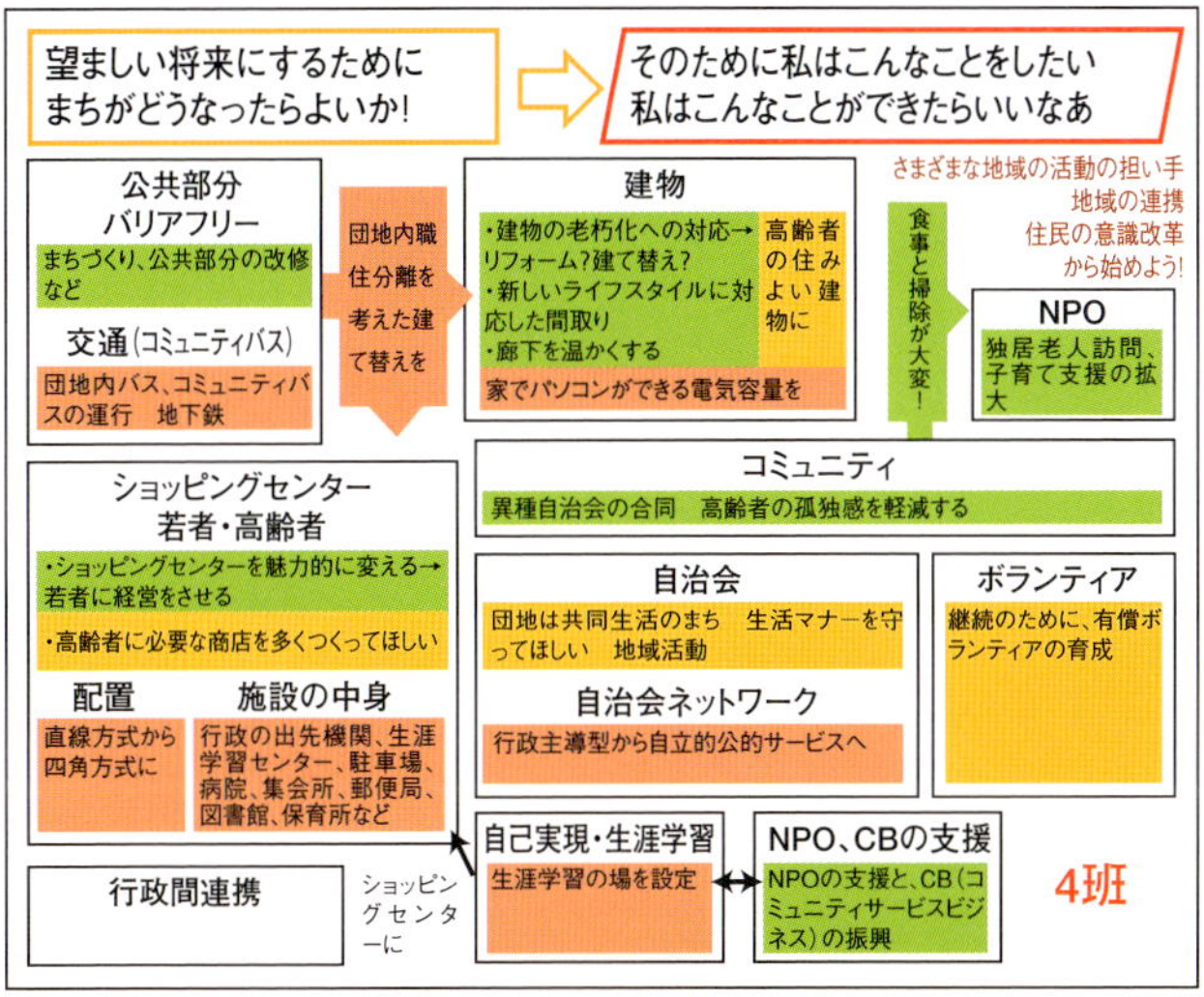

数派、少数派といった意見のバランス具合も把握することができました。まとめられた住民の意向は県にも提出されました。こうした活動を通して住民が自分たちでまちを管理していこう、という意識は少しずつ強くなっています。住民の意向を受け、行政も「団地再生マスタープラン」を提示し、まちづくりのためのNPOや新規事業参入者も加えて、ソフト面での再生事業にとりかかろうとしています。それをどう支え強めていくか、さらに今ある物的な環境をどう継承していくか、今後はそういった部分がさらに必要になってくると思います。

B団地で行われた意識調査

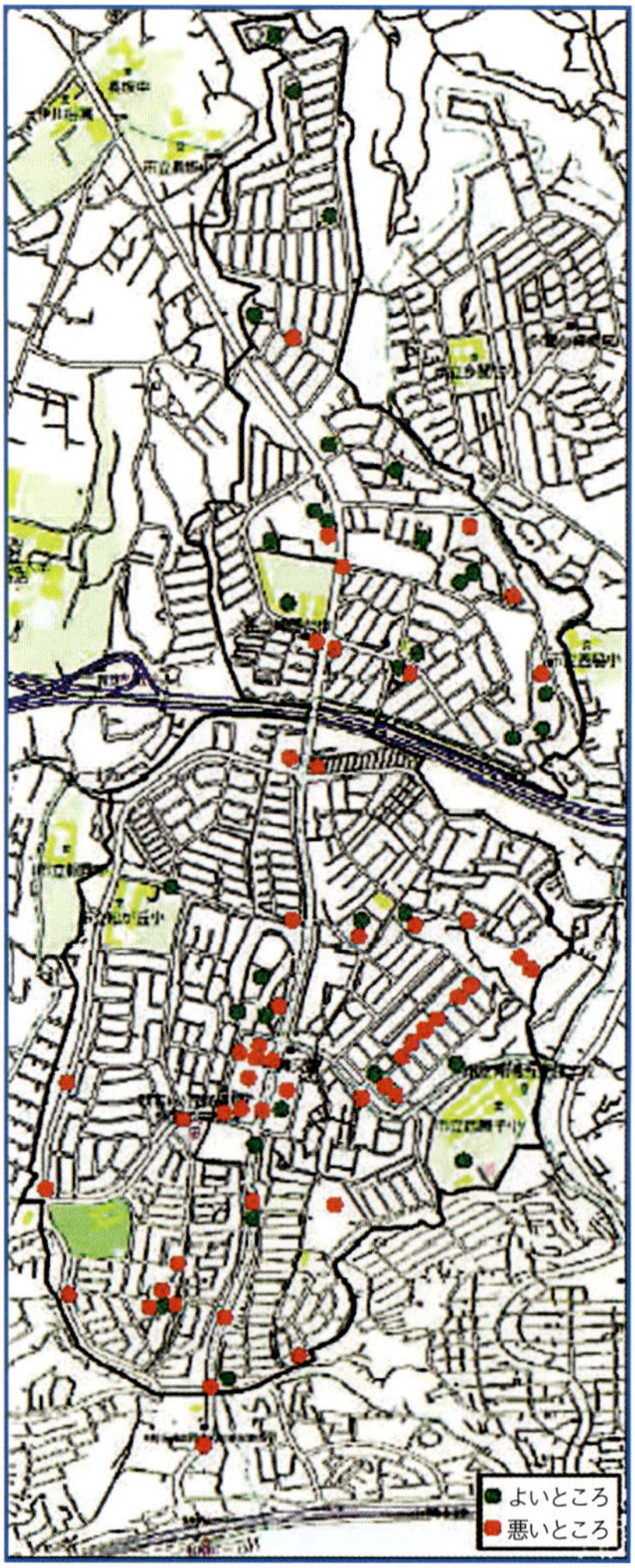

団地の地図上に「よいところ」を緑、「悪いところ」を赤でマッピングし、その理由を別紙に書き出す。この団地では、赤いところには老朽化やバリアフリーにからむ問題が多くみられ、活気がないといわれるなかにも緑マークの集中する人気店が存在することなどがわかった

わが団地は育ち盛り

多摩NT．タウンハウス鶴牧―3での活動

多摩ニュータウンにある「タウンハウス鶴牧―3」。夏の終わりの青空宴会や年末恒例の餅つき大会、年4回の草取りなどなど、住民たちがさまざまなイベントを行っている。その活動で築く「目に見えない資産」とは？

―INA新建築研究所 代表取締役社長 雨宮守司

あめみや・もりじ
1964年INA入社。主に地域開発・市街地再開発に従事。1998年より現職

私の団地歴

社会人になってからの約40年の間に三つの団地を渡り歩いてきましたが、多摩ニュータウンの一角にある「タウンハウス鶴牧―3（以下、鶴牧―3）」に移ったのは24年前のことです。分譲時のキャッチフレーズは「自然の中のバラエティーあふれる14タイプ、97戸」でした。鶴牧―3を選んだのは、体力は衰えつつあったが、散歩と草木の手入れを好んでいた父（当時、70代の半ば）と同居していたことが大きな要因でした。父は13年前に他界しましたが、鶴牧―3の環境や近所づきあいに満足していたようです。また、私もこの24年の間にほかの団地生活では経験することのできなかった、楽しく密度の濃い近所づきあいを経験しました。鶴牧―3は、まだ育ち盛りの団地ですが、この24年間の生活体験をもとに一居住者の立場から、いずれは直面するであろう「団地再生」について考えてみたいと思います。

鶴牧―3の概要

土地利用概要および建物概要は、表1、表2（P23）を参照ください。鶴牧―3は、約2万1500㎡の敷地を97戸で共有するタウンハウスであり、東・南側は幹線道路に面し、

西・北側は並木の整備された遊歩道に接しております。また、徒歩10分以内に大小五つの公園があり、団地の内外とも緑に恵まれています。

居住者全員の利用・管理の対象となる空地（団地内道路・駐車場・緑地）が約1万3400㎡と敷地の62％を占めています。このうち、幹線道路に面する斜面緑地は、居住者が保全・維持を継続することを前提に、市と「緑の協定」を締結することによって補助金の対象となっています。

建物は19棟であり中層住宅1棟（4階建て、24戸）を除き、ほかは、いわゆるタウンハウス形式の住棟です。また住戸タイプは14種類と多様であり、各住棟・各住戸の物理的条件および環境的条件が異なります。まさに「バラエティー」に富んでいます。

管理組合の運営

「バラエティー」に富んでいるがゆえに入居以来、管理組合の運営や諸規約のあり方については試行錯誤を続け、数年前にやっと「鶴牧－3方式」ができ上がったように思います。その一部を紹介します。

・各住棟ごとに環境条件が異なるため、環境の似通った八つのブロックに区分し、各ブロックから各1名の理事を選出するのが慣例化している。また、ブロック委員（輪番制で次期理事の予備軍）も各ブロックから各1名選出することになっている。特定のリーダーや篤志家に頼るのではなく、誰もが組合運営に参加し、居住者全員が理事としての苦労を体験するしくみになっている。

・基本となる「住宅管理組合規則」「建築協定」「共同生活の秩序維持に関する協定」のほかに、「専用庭使用に関する協定」「専用使用部分の個別修繕に関する承認要件」などが定められている。これらの諸規約は、区分所有法の改正・マンション建て替え円滑化法の施行に伴い、3年前に全面的な見直しが行われた。

・団地内の建物・構築物・空地は、「居住者全員の利用と管理の対象」「住棟ごとの利用と管理の対象」「各戸の利用と管理の対象」に区分されているが、その明確な区分は簡単ではなく、団地全体の調和と住棟ごとの個性、さらには各戸別のニーズにどう対応するかは、つきない課題である。生活体験を重ねつつ、今までに何度かの見直しが行われている。

・全敷地の約62％（専用庭を含めると約88％）を占める空地の管理・維持は、鶴牧－3全体の環境を左右するものである。とくに植栽地の管理・維持は住民の最大の関

表1　土地利用概要（建物概要＝19棟、97戸、容積率≒50%）

	面積（m²）	比率	備考
共有敷地	21,500	100%	戸数密度≒45戸/ha
建築面積	4,700	22%	
専用庭	3,400	16%	専用使用権の設定と協定
小計	8,100	38%	
斜面緑地	2,700	12%	多摩市との「みどりの協定」による補助金あり
その他	10,700	50%	団地内道路、駐車場、共用緑地等
小計	13,400	62%	戸当り≒138m²

表2　建物概要

住棟タイプ	棟数	戸数	住戸タイプ
4階建　中層　住等棟	1棟	24戸	6
3階建　メゾネット	1棟	6戸	2
2階建　タウンハウス	14棟	51戸	5
3階建　タウンハウス	3棟	16戸	1
計	19棟	97戸	14

2	1
4	3
	5

1. 夏のフィナーレ　つくる人、食べる人
2. 暮れの餅つき大会　準備OK、誰がつくの?
3. 暮れの餅つき大会　親子で餅つき
4. タウンハウスのアプローチ階段
5. 空からの鶴牧ー3（2003年撮影）

心事であるが、多大な費用とエネルギーを要するものである。後に記すように、年に4回の「草取り」や多くの居住者のボランティア的な活動があっても、高木の手入れのように専門家に委託せざるをえない費用は、定常的な管理・運営費用（一般会計）の約30％を占めている。

コミュニティ活動

　2005年4月、新理事長に就任したばかりのK氏の挨拶に「建物や建物を取りまく住環境は目に見える資産であり、その価値を守り維持向上に努めることは当然のことであります。鶴牧―3には、私たちが23年間にわたり築き上げてきた〈夏のフィナーレ〉をはじめとするすばらしいコミュニケーションの場という、目に見えない資産があります。これを今まで以上に大切に育てていきたいと思います」というくだりがあります。以下に、K理事長のいう「目に見えない資産」の一端を紹介したいと思います。

◆夏のフィナーレ

　夏休み最後の土曜日、夕刻から集会場周りの広場で開催。会場設定、夏祭りらしい提灯《ちょうちん》などの飾り付け、料理台の設営、材料の買い出しなどは、その年の理事とブロック委員に加えて祭り好きの有志大勢。参加料は一世帯＝2000円で食べ放題、飲み放題。食べ物は手づくりの焼きそば・焼き鳥・お好み焼きなどのほかに各人持ち込みのおつまみ多数。飲み物は、生ビールのほかに持ち込みの日本酒・ウィスキー・焼酎などもろもろ。話題の中心は、仕事の話・子どもの話・孫の話・健康の話・ゴルフの話・草木の話などと年々変化。2時間余り「食べて、飲んで、喋《しゃべ》って」の後、どこかのお宅になだれ込んでの二次会というのが恒例。

◆暮れの餅つき大会

　12月中旬の土曜日。臼・杵・釜・薪そのほか必要な用具の調達などは、理事・ブロック委員、そのほか老若男女多数。食べ物はつきたての餅と豚汁。ここでも、餅つきの名手と豚汁の名手が大活躍。お持ち帰りもOK（有料）、この日の昼食はどの家庭も餅、餅、餅。旦那衆は、持ち込みの冷酒と豚汁をすすりながら1年間の四方山《よもやま》話。餅つきの名手は「餅つきは力ではない、コツだよ！」というけれど、ぼつぼつ選手交代の時期か？

◆ブロックごとの食事会

　環境の似通った隣組同士の、食べ物・飲み物持ち寄りの食事会。夫婦、子どもそして嫁いだ娘も孫をつれて参加。隣の子どもに説教し、隣の孫をあやすオッチャンあり。頻繁に催す「クレイジー通り」と通称されるブロックは鶴牧―3の名物。

◆**鶴牧会（ゴルフ同好会）**

入居直後に発足。毎年、春・夏・秋にコンペ開催。通算70回超のコンペ。登録会員数は二十数名。夏は高原に泊まりこんでの連日コンペ。万年幹事の功績大。「ほかのコンペと重なったときは、鶴牧会を最優先すべし。引退してからも気軽に参加できるのは鶴牧会だけ」というのが不文律。

◆**草取り（年4回）**

「自らの汗で環境を守ろう」が合言葉。芝生の雑草取り、低木の剪定、高木の下枝払い、斜面緑地の手入れなど、朝9時から12時の3時間。家族そろっての参加。近所の奥様方とのコミュニケーション、芝生に尻をついての井戸端会議。年4回の「草取り」以外に、植栽のセミプロ的居住者による日常的な貢献。みごとな藤棚を見るたびに、感謝、感謝、感謝！

10年後のわが団地は？

鶴牧−3の24年間は、「見える資産の維持・向上」とともに「見えない資産の充実」に住民全員が取り組んできた歴史であり、言い換えれば「日々再生」への取り組みであったと思います。2回目の大規模修繕を間近にひかえているとはいえ、今までは物理的に大がかりな再生に直面することはありませんでした。しかし今後年を経るとともに、どのような問題が浮かび上がってくることになるのか確たるイメージはありませんが、いずれは本格的な「団地再生」に直面せざるをえないでしょう。

多くの住宅には数段のアプローチ階段があり、中層棟を除けば2階建てないしは3階建てです。また、中層棟（24戸）はエレベーターなしの4階建てです。入居当時の世帯主の平均年齢は40代半ばであったと思われますが、その後20％程度の居住者の入れ替えがあったとはいうものの、今では世帯主の平均年齢は60代の後半になっていると推測されます。いつまで、このような住宅形態に対応できるのだろうか？　アプローチ階段や各住宅内のバリアフリー化や、中層棟のエレベーター新設など、居住者の老齢化に伴う問題がいつ・どのような形で顕在化するのだろうか？　多くの人が鶴牧−3を「終《つい》の住処《すみか》」と考えているのだろうか？　あるいは、老齢化とともに新たな住処を求めるのだろうか？

10年後、20年後の鶴牧−3の姿を予測することは極めて難しいことですが、今まで私どもが築いてきた「目に見えない資産」の継承と、その時々の再生を怠らないかぎり、どのような事態にも十分対応できるものと思っております。

住民との協働でまちを再生する

シュンゲルベルク、ピーステルリッツ、ヴォルフェンの団地再生

地域デザイン研究所 代表取締役　永松　栄

日本よりも居住者の権利が擁護されているドイツ。しかし、最初からそうであったわけではない。退去を迫られ困窮する社会的弱者の保護から始まり、徐々に「住民との協働」へと変化していったのである。

ながまつ・さかえ
1956年生まれ。地域デザイン研究所代表取締役、東京芸術大学大学院非常勤講師

重要視されるようになったＰＩ

最近、パブリック・インボルブメント（ＰＩ）という新しい言葉を、新聞などで見かけます。公共事業実施に際する、市民説明、市民参加といった意味で使われているようです。道路建設、ダム建設、市街地整備といった公共事業は、公共利益のために行われるものですが、住民個人の財産や生活に思わぬ影響を与えることがあります。このため、計画段階での住民説明が十分でなかったり、反対者との議論が交わされない状態で計画が実施に移されると、後になって予想できない困難に見舞われます。こじれてしまった例としては、成田国際空港用地にかかわる闘争が知られています。近年、道路建設事業に対する国民の目が厳しくなってきたこともあり、国土交通省や都道府県は道路建設などの公共事業の計画段階で、以前よりもＰＩと呼ばれる市民説明、市民参加に力を入れるようになっています。

ドイツの団地再生計画における住民参加

19世紀の半ばごろから賃貸集合住宅の建設が始まったドイツの都市部では、すでに建て替えや大規模な修繕といったライフサイクルの更新が何度か行われています。日本よりはる

かに居住者の権利擁護が進んでいるといわれるドイツでも、1960年代までは、建物の保有者の都合で行われる集合住宅の建て替えに際して、居住者の住み続ける権利が尊重されることは少なかったようです。

これが、1960年代から1970年代の世界的な市民運動の時代を経て、制度としても、また倫理としても住み続ける権利の尊重が定着しました。一つの背景は、住民の意向を無視して集合住宅の建て替えや大規模修繕の事業を進めても、結果的にうまくいかないことにあります。また、もう一つの背景は高齢単身者、母子家庭、外国人労働者家族といった世帯のなかには、それまで住んでいた住宅から退去を迫られると、満足な生活が送れなくなる場合があることがわかってきたからです。

こうして、最初は都市計画事業として行われる建て替えや大規模修繕の際に、十分な住民説明と、社会的弱者に対する保護が義務づけられるようになりました。その後、徐々にこうした社会的方策と呼ばれる活動が一般化していきました。

ワークショップという協働の方法

集合住宅の建て替えや大規模修繕における住民説明、住民参加、住民保護の活動は、初めは弱者に対する配慮という意識が強かったようです。それが経験を積み重ねるうちに、より発展的な面が理解されるようになりました。従来、プランナーや設計者だけが唯一の計画の専門家だと考えられていたわけですが、よく考えてみると、人の住んでいない集合住宅や街区をつくることの専門家にすぎないのです。人々が住んでいる既存の集合住宅や街区の将来の姿を考える場合、住民こそが大事な情報を持っているわけです。

こうしたことに気づいたプランナーや設計者は、次第に住民との協働を重視するようになりました。さらに、こうした経験が重ねられると、自動車問題、庭の利用法、ごみ分別保管の方法、集会所の取り扱いなどを決めるときに効果的なことがわかりました。住民と計画段階で協働するかどうかで、団地再生が行われた後の住民の住環境への接し方に大きな変化が出るわけです。

生活弱者に対して個別世帯単位で保護することから始まった社会的方策は、居住者コミュニティとの対話に進み、さらに、ワークショップと呼ばれる協働にたどりつきました。

ライネフェルデの団地再生におけるモデル展示

本書34ページなどで紹介する旧東ドイツのライネフェルデ団地の再生では、社会主義体制に慣れた住民に、団地再生によって何がもたらされるのかを正しく知ってもらうことに力が注がれました。生活環境の質を高めるということがどういうことなのか、国家に管理されることに慣れきっていた旧東ドイツ領の住民は理解していなかったと、団地再生を指揮するラインハルト市長は述べていました。

このため、工事に先立ってモデル住戸を用意し、積極的に住民に見てもらうようにしたそうです。何をするのも初めてのことが多かったため、とにかくモデルをつくって住民に見せ、納得してもらうことを繰り返したといいます。

シュンゲルベルク団地とピーステルリッツ団地の住民の計画参加

旧西ドイツ領ルール地域のシュンゲルベルク団地の再生に当たって、あらかじめ社会学の素養のある専門家が地区に入り、住民とワークショップと呼ばれる協働を行いました。そこで、中庭や分別ごみ置き場に関する利用と管理のルールをつくり、共用施設の整備が実際に住民に活かされるようにしました。

旧東ドイツ領のピーステルリッツ団地は、既存団地再生によるものではドイツ初のノーカー団地です。これも、団地再生に先立つ専門家と住民の協働に基づいて合意されたものです。結局、団地の外に駐車場を確保し、団地のなかから駐車場を排除することで、快適で豊かな屋外空間を獲得しています。

ヴォルフェン団地の子どもの計画参加

旧東ドイツ領内ヴォルフェン団地では優先順位の高い街区の再生計画づくりに先立って、34名の専門家が3日間、団地に集まって計画づくりワークショップを行いました。ここでは、子どもの比率が高いことと、街区形状の特徴などから、「子ども」、「庭」、「エネルギー」というテーマで計画案が検討されました。2日目の夕方から晩にかけては、専門家たちがワークショップでまとめたスケッチなどを近所のカフェテリアに持ち出し、住民たちとの議論が繰り広げられました。その後、このワークショップの提案から、子どもの団地に対する意向把握が行われ、その意向の一部が実現しています。

ここで紹介したドイツの団地はいずれも賃貸住宅が主となっていますが、日本の分譲住宅などの再生の際にも参考になります。団地の再生に先立って計画に関する合意形成が必要になりますが、合意形成の早道は案外、協働で計画をつくることなのではないでしょうか。

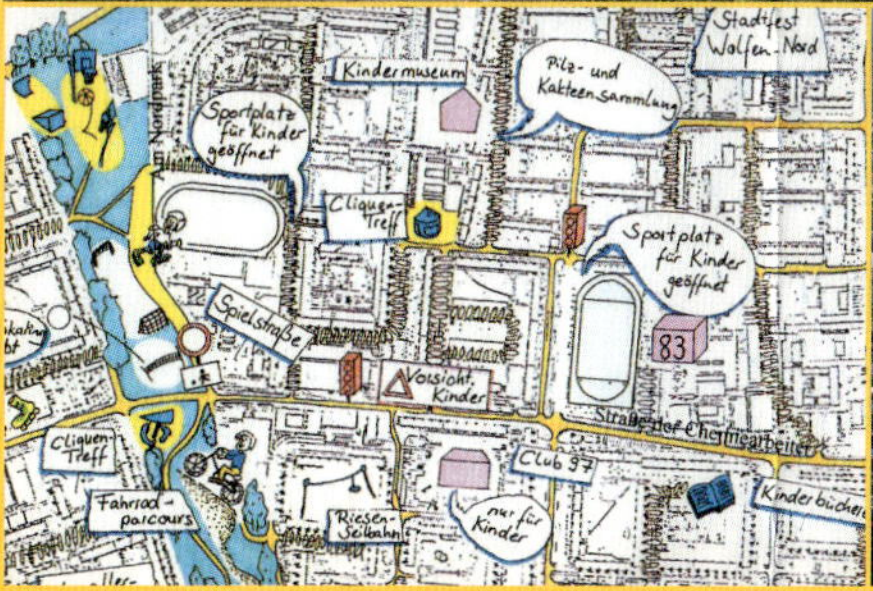

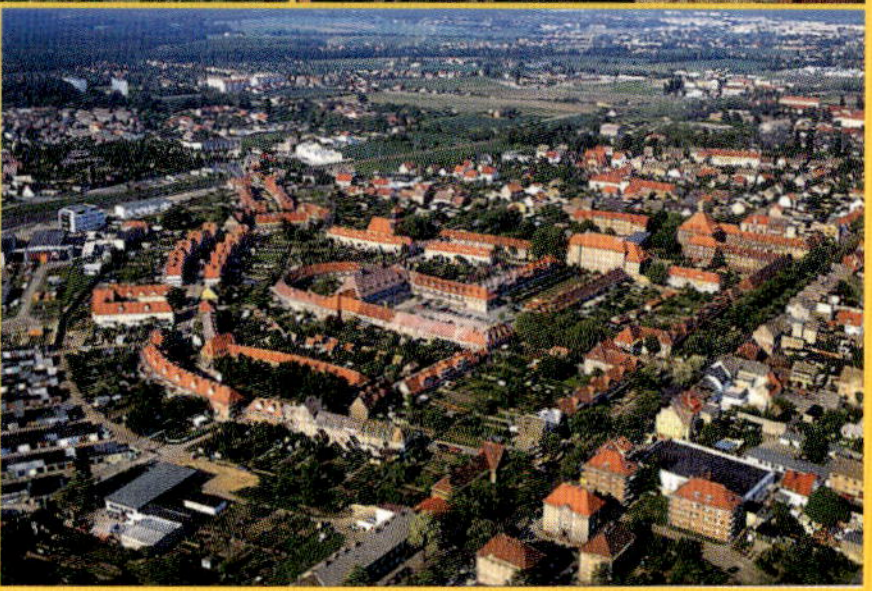

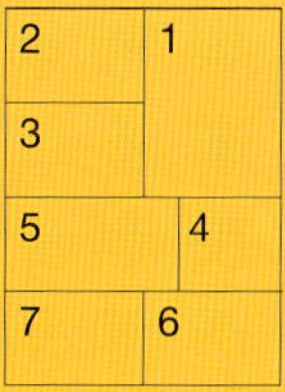

1. ライネフェルデ団地の住民参加の見学会
2. 1897年に創建されたシュンゲルベルク団地の再生前の家並み
3. 文化財登録されるシュンゲルベルク団地の再生後の家並みと中庭
4. ヴォルフェン団地の計画ワークショップの様子
5. 文化財登録されるピーステルリッツ団地の家並み
6. 1916年に創建されたピーステルリッツ団地の航空写真
7. 子どもたちのヴォルフェン団地に対する期待が書き込まれたシート

自らの意志によって集合住宅をつくる

モーレンフリート、トイトブルギアなどの団地再生

山や海、あるいはまちなかを
自分たちの手できれいにしようというボランティア活動が増えているが、
ヨーロッパの団地再生に関しても
「自らの意志と力」で集合住宅をつくる動きが活発になっている。

地域デザイン研究所 代表取締役　永松　栄

自分たちのことは自分たちでという時代

日本でもボランティア活動の歴史は長いですが、近年、地域ボランティア活動が活発化しています。

ボランティアという言葉の語源は「義勇兵」や「志願兵」という意味で、そこから転じて「有志者」とか「志願者」という意味で使われるようになりました。日本語としては、「社会事業のために無給で働く奉仕家」という意味で使うのが一般的なようです。

ところで、最近、海辺のごみ回収や川の清掃などを行うボランティア団体や、地域の里山を守るボランティア団体の活動が活発になっています。こうした活動からは、「国家社会のために奉仕する」というよりは、「自分たちの環境は自分たちでよくする」という意識を強く感じます。

自分たちの環境をよくしていくということでは、商店街組合の商店街環境整備、区画整理組合の地区整備、再開発組合の共同建て替えなどがあります。団地の管理組合や自治会の活動も、同様に考えることができます。

今回は、ヨーロッパの団地再生のなかで近年、目立つようになってきた「自分たちのことは自分たちでやる」というプロジェクトにスポットをあててみようと思います。

ユートピアにみる自立の発想

19世紀のヨーロッパでは、産業革命による社会経済の大変革が起こり、貧富の格差に基づく社会問題が広がりました。こうしたなかで、空想社会主義者と呼ばれる社会改良家が産業労働者のためのユートピア（理想都市）を描きました。イギリスのロバート・オーウェンもその一人です。農場、工場、住宅、学校などからなる共同体が構想され、いくつかのユートピアが現実のものとなったようです。このような産業労働者のためのユートピアは、農業社会ではあたりまえだった共同で生活をするという考え方と、自給自足の考え方を復活させました。

居住者自助活動のはしり

第一次大戦直後のウィーンは極度の住宅難に見舞われ、5万世帯の家族が土地を不法占拠してバラックを建てて雨露をしのいだといいます。この不法占拠者たちは、空き地に菜園をつくって野菜などを自給したそうです。

こうした極限状態が解消された後の時代になると、住宅建設組合によって本格的な菜園付き住宅団地が郊外に建てられるようになりました。こうした住宅地は、今でもオーストリアやドイツの都市郊外部に存在し、休日を利用して住民がせっせと菜園を耕している光景が見られます。

モーレンフリート団地——住戸内部の自力更新

１９７０年代以降に建設されたオランダの住宅団地には、オープンビルディングと呼ばれる考え方にしたがって建てられたものがあります。モーレンフリート団地もその一つで、居住者が自由に間取りを組み替えることができるようになっています。

日本の賃貸住宅でも居住者の入れ替わりのときに、随時的修繕を加えることが多いですが、モーレンフリートでは、傷んだところを直す修繕に加えて、新規居住者が自分に合った間取りをしつらえることが行われます。このようにして、居住者が入れ替わるたびに住戸ごとの再生がなされます。

オランダでは、自分で家具づくりや内装工事を行うことを趣味とする人が結構いるため、モーレンフリートのような団地住戸の間取り変更の際に、自分で作業をしてしまう人も少なくありません。

ラー通りの自力建設集合住宅

ラー通りの集合住宅は、ドイツのルール地域のグループ分譲集合住宅です。ここでは4世帯で建設組合をつくって、ほんとうに自分たちの腕力で集合住宅をつくっています。これは、長期休業の工場労働者を数多く抱えるルール地域で、自由時間を有効に活用して、住宅建設費用を半額にすることを試みたものです。おそらく、これらの集合住宅の居住者たちは、団地修繕や再生のときも自力で行うことになるでしょう。

トイトブルギア団地の再生と集団転入

トイトブルギア団地はドイツ・ルール地域で今世紀初頭に建設された労働者住宅団地です。この５００戸ほどの団地では、もともとの団地環境や住棟のよさを活かした修復型の団地再生が行われています。この団地の一角に、コルテデュッペ団地から集団移転してきた19世帯が住む新築住宅があります。

コルテデュッペ団地は、住宅の傷みがひどかったため、団地管理団体が取り壊しを決定しました。19世帯の居住者は、立ち退き反対を表明し、団地管理団体と話し合いを進めました。結局、団地再生を行っているトイトブルギア団地へ集団移転するという合意点を見いだしました。

もともと住んでいた団地を離れることになりましたが、近隣コミュニティはそのまま、まるごと引っ越して維持されたというプロジェクトです。これも、住民が意志を持って活動したことの成果と考えることができます。

ヘラースドルフ団地の住民とＮＰＯの協働

ドイツ・ベルリンのヘラースドルフ団地では団地再生の進捗と合わせて、ユニークな住民と地域ＮＰＯ団体の協働イベントが実施されています。一つは団地住民などが地域ＮＰＯ「ＳＯＳ子ども村」を組織して、子育て家族のコミュニケーションを活性化し、子育ての悩みを解消する活動や、問題の解決を助ける活動を行っています。

また、「自由広場」という空き地を使ったプロジェクトでは、青少年グループが地域ＮＰＯの助成を取りつけて、スケートボードやマウンテンバイクの遊び場を設けて管理しています。

ほかには、地域ＮＰＯ「石のまち」の支援を受けた、屋外無料映画上映などのプロジェクトがあります。

日本でも団地管理組合や団地自治会などによる自主活動が盛んになってきています。こうしたなかで団地の物理的な環境を再生していくとき、住民活動が成り立っていることが有利に働くことは間違いありません。

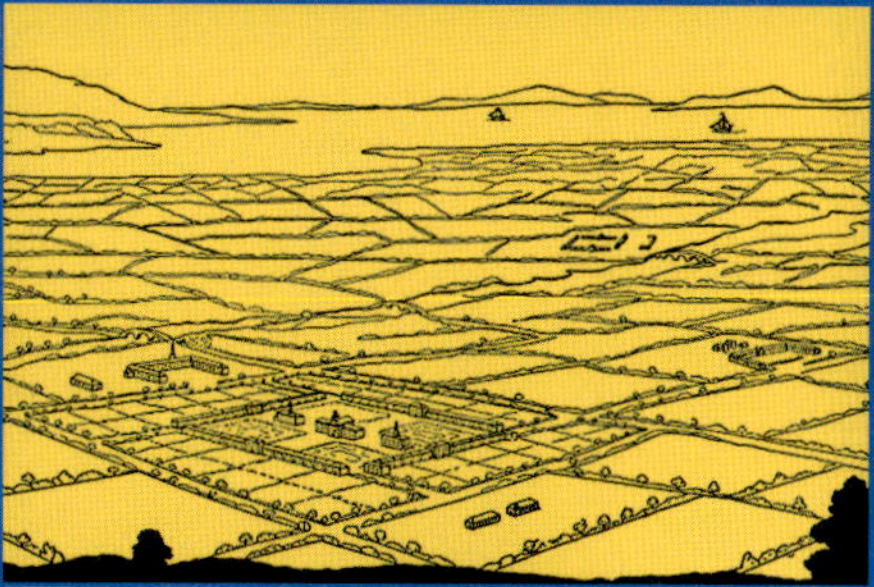

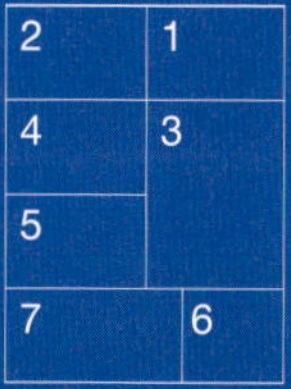

1. ロバート・オーウェンの理想都市
2. 第1次大戦後ウィーンの菜園付きの不法占拠住宅
3. トイトブルギア団地に生まれた集団移転世帯用住宅とそこで自力で庭を建設する住民
4. ラー通りの自力建設集合住宅
5. ヘラースドルフ団地の屋外無料映画上映
6. ヘラースドルフ団地に「自由広場」
7. ヘラースドルフ団地のNPO「SOS子ども村」のイベント

団地再生のまちに住んで

ドイツ・ライネフェルデからのレポート

団地再生のまちとして有名なドイツ・ライネフェルデ。
このまちに半年間住み、その現実を見聞してきた。
住民の暮らしぶりを紹介しながら、
いまだ進行形であるライネフェルデの団地再生を考察してみたい。

アーキテクトタイタン 共同主宰 **渡利真悟**

わたり・しんご
1980年生まれ。滋賀県立大学大学院修了。有限会社アーキテクトタイタン共同主宰。2005年10月までドイツ・ライネフェルデにて団地再生事業研究

団地再生の先駆的存在

本書のなかでは、ドイツ・ライネフェルデの団地再生が紹介されていますが、ここではこのライネフェルデにおいて、人々がどのように暮らしているのかについて紹介しようと思います。

ライネフェルデでの暮らし

ライネフェルデ・ヴォービス市はドイツのほぼ中心のチューリンゲン州、アイフィスフェルト郡にある人口2万2000人程度のまちです。

私はライネフェルデに2005年の10月まで半年ほど滞在し、市役所のかたがたや住民の人の話を聞きながら、実際のライネフェルデの団地再生の現場を見聞することができました。

住居は市役所のかたに用意していただきました。日本によくあるワンルームマンションのような部屋でしたが、日本のものより部屋は広く、家具は机とイス二つ、ベッド、クローゼットと旧式のラジオのみ。ここからライネフェルデでの生活が始まりました。市役所は朝8時30分から始まります。オフィスは日本のように大きい部屋に机を並べて働くのではな

く、一人、もしくは二人ごとに個室が割り当てられていて、それぞれ自分の部屋で自分の担当の仕事を行うようになっています。市役所ということもあり、残業はほとんどなく、16時30分の終業時刻になると続々と家路につきます。

ドイツは夏、22時頃まで明るいため、家に帰って庭で昼寝をしたり、ゆっくり夕食を食べたりしてのんびりと過ごすことができるのです。金曜日の仕事は12時半までで、土日はもちろんお休みです。

土曜日は市内にある一部のレストランやスーパーなどは短縮営業で開いていますが、日曜日はほとんどの店は閉まっていて、町は閑散としています。ライネフェルデのまわりには「チューリンゲンの森」と呼ばれる森が広がっていて、休日は家族とともに森に散歩に出かけることがあるようです。またドイツ人は自転車がとても好きなので、いろいろな場所に自転車で出かけていきます。仕事にも自転車で出かける人も多く、隣まちの仕事場まで毎日17㎞ある道のりを自転車で通勤する人もいるほどです。

ある休日のエピソード

ドイツといえばアウトバーン（高速道路）が発達していることで有名ですが、ライネフェルデにも現在アウトバーンが建設されています。ある日曜日、ドイツ人の友人の家族とこの建設中のアウトバーンを自転車で走りに行こうということになり、朝から3人でまだアスファルトも敷かれていない砂利道やできたばかりの橋を3時間かけて走り、ライネフェルデやその周辺のまちを紹介してもらいました。

ひととおり紹介してくれた後で、友人の父親であるヴァインリッヒさんが高速道路を眺めながら私に、「ライネフェルデやアイフィスフェルトはとても美しくて、私は大好きだ。統一後ライネフェルデやこの周辺は大きく変わった。まちもきれいになり、便利になった。この高速道路ができればますます便利になるだろう。しかし、一方でいろいろなものを失った。このあたりは昔よく散歩に来た森だったが、高速道路建設のために取り払われてしまった。ふもとには森に囲まれたレストランがあったが、それも高速道路のインター建設のため、取り壊されてしまった。昔住んでいた団地も取り壊されて、今はもうない。便利になることは大変よいことだが、一方でそういったものがなくなることは正直残念だ」と急速に変化するまちの状況に少し戸惑いながら話してくれました。

ドイツ人の森と緑に対する意識

このようにドイツは緑や森にふれあうことを好み、大切にする文化ですので、「庭」に対する思い入れも非常に大きなものがあります。ドイツ人の多くが自分の庭を持つことを望み、自分たちの庭を丁寧に手入れしています。

また、集合住宅や都心部に住んでいて庭を持つことができない人のために、クラインガルテン（市民農園）と呼ばれるものがあります。これは郊外などの広い農地を細かく区画し、人々がここを借りて、花や野菜を植えるようにできるもので、いわば自分の庭が家から離れた場所にあるようなものです。クラインガルテンには農作業の道具を片付けたり、休憩することができる小屋がつくられており、天気のよい休日などには、友人や家族と一緒にクラインガルテンでバーベキューをしたりして楽しむのです。

ライネフェルデ団地再生においても、庭を持ちたいという住民の要望をうけて、1階部分に住民のための専用庭をつくる試みが行われています。

専用庭をつくるメリットは、1階部分の住民が庭を持つことができるだけではありません。このような専用庭を比較的安価で住民に貸し出すことで、今まで市が管理していた部分の管理（緑の手入れ）を住民自身に任せ、それまで市が支払っていた、この部分の管理費を節約することができるというメリットもあるのです。

現在ではライネフェルデで改修される団地の多くに、このような1階専用庭がつくられています。住民それぞれで、庭の使われ方や植栽も異なっていて、それらを見ながら団地を歩くのも楽しいものです。

日本の団地やマンションではベランダに洗濯物を干すことがよくありますが、ドイツではそのような習慣はあまりなく、花を植えたり、イスを置いてくつろげるようにしたりするなど、リビングの延長線、小さな庭のように使われています。

ライネフェルデの団地には、以前はバルコニーの付いていない無味乾燥な住居が多かったのですが、バルコニーを付けることで、生活感のある住環境に生まれ変わりました。このように庭やバルコニーといったものは、自分たちと自然、緑をつなぐ重要なものと考えられていて、環境意識の高いドイツならではのものといえるでしょう。

再生された団地に住む住民の話

半年間、実際にライネフェルデの団地再生を見て、さまざまなかたと知り合い、話を聞くことができました。

ライネフェルデでいちばん最近再生された「シュタット・ヴィラ」と呼ばれる団地に住む住民のかたにもお話を聞きました。

2	1
	3
5	4
7	6

1. ライネフェルデ・ヴォービス市役所。木造の文化財を改修してつくられた
2. 市役所のオフィススペース
3. 工事中のアウトバーンにて
4. 自宅（団地）からの眺め。まちの向こうには広大な森が広がる
5. 花が飾られ、生活の楽しさがにじみ出ている
6. 長い団地を切断して再生された「シュタット・ヴィラ」。1階部分の緑地は専用庭になっている
7. 旧市街の様子。露店では花や生活用品が売られている

この「シュタット・ヴィラ」は以前200mもあった長大な団地を切断し、戸建て風の団地に再生したもので、その画期的なデザインはEUの都市計画賞を受賞しています。

Q　ここに住んで何年になりますか。

A　約2年になります。以前もライネフェルデに住んでいましたが、その後仕事の関係でベルリンに引っ越し、またライネフェルデに戻ってきました。ベルリンでは、テレビ塔の目の前のプラッテンバウ（団地）に住んでいました。

Q　何人暮らしですか。

A　夫との二人暮らしです。息子夫婦はライネフェルデの旧市街に住んでいます。

Q　ここは昔と比べてずいぶん変わりましたが、もちろん家賃も高くなっていると思います。家賃は月いくらほどですか？

A　家賃はバルコニーを含め、2LDKで月320ユーロほどです。この値段を高いか安いかと思うかは人次第ですが、新しくなったので、当然家賃は上がるもの。私はそう理解しています。床の仕上げや家具調度品はここに引っ越してきた際に、新しくしたものが多いです。

Q　実際に住んでみた満足度はどうですか。

A　ここは有名な建築家の人が建てたそうですね。窓が大きくて日当たりがよいのが気に入っています。建物もきれいで良いのですが、やはり住んでみると多くの利点がある反面、同じく多くの不便な点もあります。

Q　ということは、不満足な点もあるということですか。

A　不満な点としては、まずキッチンが小さいこと。風呂とトイレの部分は大きいのですが、キッチンも風呂と同じくらいの面積が欲しかったです。ここが完成してすぐ入居した人の部屋は、キッチンと食堂の間の間仕切りを取り払って、つなげているところもありますが、私たちが来たときは遅くて、それができませんでした。あとバルコニーに屋根がないので、雨が降るとバルコニーが水浸しになってしまうことです。私の下の部屋はうちのバルコニーが屋根になって多少ましだと思いますが、多くの住戸のバルコニーには屋根がありません。屋根がないので日差しが家の奥まで入ってくるのはよいことですが。建築家の人がいろいろ考えてつくられたのだと思いますが、何か所か、住人として理解できないこともあります。

Q　全体として気に入っていますか。

A　いろいろ不満な点はありますが、このように建物を切

1. 再生された住棟（右）と再生を待つ住棟（左）
2. 再生が進む団地。今後もライネフェルデの団地再生は続く
3. 住棟を撤去した後につくられた日本庭園

って改修するアイディアはとてもすばらしいと思いますし、古い団地が新しくなるのはとてもよいことだと思っています。

団地再生に対する人々の思い

ライネフェルデでは今後も２０１０年をめどに団地の改修、再生が進められていく予定です。「ライネフェルデの団地再生が本格的に始まり、老朽化した団地の取り壊しが始まったときは、多くの住民が不安を持っていました。しかし住民に十分に説明をしていくなかで、やがて住民もこの再生に理解を示してくれるようになりました」と南地区住民センターで働くヴィンケラーさんは語っています。また建設局のフッケさんは「ライネフェルデは今後も団地の再生を進めていく必要があるし、そのためにさらなる投資も必要になってくるだろう」と話してくれました。

団地再生の先駆的存在であるライネフェルデ市の再生がどのように進められていくのか、今後も注目していきたいと思います。

親しみあるまちなみづくりでコミュニティ再生

ストックホルムのラビ団地

明治大学 理工学部 教授　澤田誠二

スウェーデンのストックホルムにあるラビ団地は、建築家のM・ナーエフ氏のアイディアによって総合的な再生を遂げた。住居そのものの改善だけではなく、心地よいコミュニティ空間が生まれたのだ。その手法とは、どのようなものか。

さわだ・せいじ
１９４２年生まれ。明治大学理工学部建築学科教授、工学博士

世界各国にある団地住宅の大半は第二次世界大戦後に建設されたものです。日本では１９９５年に日本住宅公団が設立され、団地建設による住宅供給が活発化し、現在では約７００万戸の団地住宅があるといわれます。同様に西ヨーロッパ諸国は、各国１００万戸単位の団地住宅を抱えています。また旧ソ連を含む東ヨーロッパ諸国には、プレハブ・コンクリート造の団地住宅が６０００万から７０００万戸あるといわれます。

若干背景に差はありますが、日本の場合もヨーロッパの場合も１９６０年代から70年代にかけて団地建設が急ピッチで進みました。このため、どこの国でも築後30年以上経った団地が続々と登場してきているという状況にあります。

団地が築後20年から30年経つと、大規模修繕を実施することになります。日本の公的団地では、この節目に当たって老朽化した住棟を建て替えることがあります。これに対しヨーロッパでは、よほどのことのない限り20年から30年での建て替えはないようで、団地を長持ちさせながら使っていくことを考えています。それでも大規模修繕のときに、かなり思い切った改造・改善を加えてすばらしい住環境を手に入れています。こうした、建て替えに頼らない、団地の環境改善の手法を専門家たちは「団地再生」と呼んでいます。

スウェーデンの団地建設とラビ団地

スウェーデンの主要都市の郊外部では政策的な後押しもあって、１９６６年から10年間で１００万戸の団地が建設されました。

３階建てのマッチ箱のような住棟が平行にずらっと並ぶ１０３０戸のラビ団地もまた、1960年代にストックホルム郊外に建設されたものでした。ラビ団地は公営住宅であったこともあり、次第に外国人労働者を中心とする低所得家族ばかりが住まうようになりました。また築後30年に近づくにつれ、屋上防水や排水設備などの老朽化が進み３００戸が空家になってしまったのです。

この状況を打開すべく建築家Ｍ・ナーエフ氏は団地の総合再生を提案しました。彼の考えは「住宅だけ手を付けても良好な住環境はできない」というもので、自治体の住宅経営健全化と併せて総合的に団地を再生することを提案しました。

団地経営の改善

全体として3戸に1戸が空き家になっていることへの対応として、団地の総合的な手入れとともに団地の住戸数を減らし、環境をよくすることが選択されました。

こうして地域社会全体で住宅が余りはじめているなかで居住世帯を取り合うことを止めて、管理経費や暖房経費を削減することに成功しました。また、残った住戸を低所得家族向け住宅だけでなく一般家族向け住宅に割り振ったり、単身向け住宅を用意したりしました。このような利用目的の変更に合わせて、部分的な壁の取り扱い変更や内外装の改善を行いました。こうしてさまざまなタイプの家族が住める健全なコミュニティに生まれ変わりました。

これらの改善は、屋根改修、外壁改修、給排水設備改修や暖房施設改修などを行ったうえで、生活の質を高めるために付け加えられています。

共同で使う施設をつくる

３００戸の住棟を取り壊した跡地は芝の広場として利用されています。またごみ置き小屋や、共同洗濯場が新たに設置されました。共同洗濯場というのは、ヨーロッパの団地ではそれほど珍しいものではなく、1階や地下階に共用室として取られることがあります。ラビ団地では住棟の外にかわいらしいキューポラのある小屋をつくって、居住者が洗濯の折にうまくコミュニケーションが図れるようにしています。

変化のある家並みをつくる

この再生されたラビ団地を見て感心するのは、マッチ箱を並べたような無味乾燥な家並みが親しみのある家並みに変わったことです。

大きな変化の一つは、屋根景観を生み出した点です。これは、３階部分の住戸の上に木造の切り妻屋根をかけて、屋根裏部屋を増築したことで生まれました。この切り妻屋根の軒の高さに変化が加えられていて、心地よいリズム感をつくっています。

また、もともとマッチ箱状だった建物からバルコニーを張り出したり、壁を後退させてベランダをつくったりしながら、変化があってなじみやすい建物にしています。

外構に手を加えて安心感のある雰囲気をつくる

従来の団地の殺風景さは、住棟の形とともに住棟間の空間のつくり方にも問題がありました。簡単にいうと、住棟と住棟の間にはせいぜい芝草や灌木が生えているだけであとは何もないという状況です。実際に生活してこのような空間を毎日歩かされると、滅入ってしまいます。ある知人が、「北欧留学時代に冷たい風が吹きまくる冬の間、何もない空間を歩かされるのにまいった」といっていたことを思い出します。

ラビ団地では団地の外構に手を加えることで、このような寒々しい空間を人間的な空間につくり替えることに成功しています。これは、住棟と住棟の間の大きな空間を分節化して、通路の空間、小広場の空間、住棟前の庭空間をつくり出すことによって達成したものです。このようにして通行する人、小広場で憩う人、住戸のなかでくつろぐ人が、それぞれによい環境を手に入れています。この空間を分節化する道具として、木製フェンス、生垣、植樹、デザイン化された通路舗装、そして、木造の共同洗濯小屋、ごみ収集小屋、納戸小屋などが使われています。

ラビ団地の家並みからは、冷たい画一的な団地環境を古いまちや集落のような人間的な環境につくり替えたかったという意図が伝わってきます。見事に生まれ変わったこの家並みを「カール・ラーソンが描いたスウェーデンの田舎の集落のようだ」と称する人もいます。

2	1
	3
5	4
7	6

1. 再生計画を提案した建築家M・ナーエフ氏
2. 冬場のスウェーデンの田舎の集落を思わせる家並み
3. 手が加えられた住棟のエントランス（入口）まわり
4. 整備された広場と手を加えられた新しい家並み
5. 傾斜屋根をのせたごみ収集所と仕分けごみ投入口
6. 手が加えられた住棟間のオープンスペースと屋根の変化するライン
7. キューポラを模した排気口がかわいらしい共同洗濯場

人口減少に対応してストック活用

旧東ドイツのライネフェルデ団地

渋谷昭設計工房 代表取締役　澁谷　昭

工業都市として繁栄していた旧東ドイツのライネフェルデは、東西ドイツの統合後に人口が減少し、団地の空き家が目立つようになった。生き残りをかけたこの団地の再生方法は、人口減少の予測される今後の日本にとって、貴重な事例である。

しぶや・あきら　１９３９年生まれ。渋谷昭設計工房代表取締役。オープンビルディング方式による「高耐震健康百年住宅」を設計・施工

人口増加を見通して建設された団地

マッチ箱のような集合住宅がまとまって建設された居住地。これが団地です。第二次大戦後、このような形式の居住地がなぜ数多くつくられたのでしょうか。これは戦後、一度減少した国民人口が再び増加したことと、とくに高度成長期に農村部から大都市圏へ人口が移動したことに関係しています。

戦後復興期が終わり、戦勝国へのキャッチアップが開始される１９５５年あたりから、国策として日本の団地建設が進みました。少しおおげさにいうと、日本の高度成長を居住の側から支えたのが団地建設だったのです。住宅公団、県住宅供給公社などが数多くのサラリーマン向けの住宅を建設しました。建設当初、団地生活自体が一つの新しいライフスタイルで、若い家族が続々と入居し、小さな子どもたちが団地のなかを駆けまわっていたわけです。

ところで、皆さんがたの近所にある団地は今どんな様子でしょうか。おそらく、子どもの姿はあまり見られず、居住者の高齢化が進んで活気が失われているのではないでしょうか。こうしたなかで日本でも２００６年から人口が減り始めました。そして、２０５０年までに総人口が約３０００万人減り、65歳以上の高齢人口は約１５００万人増えるそうです。

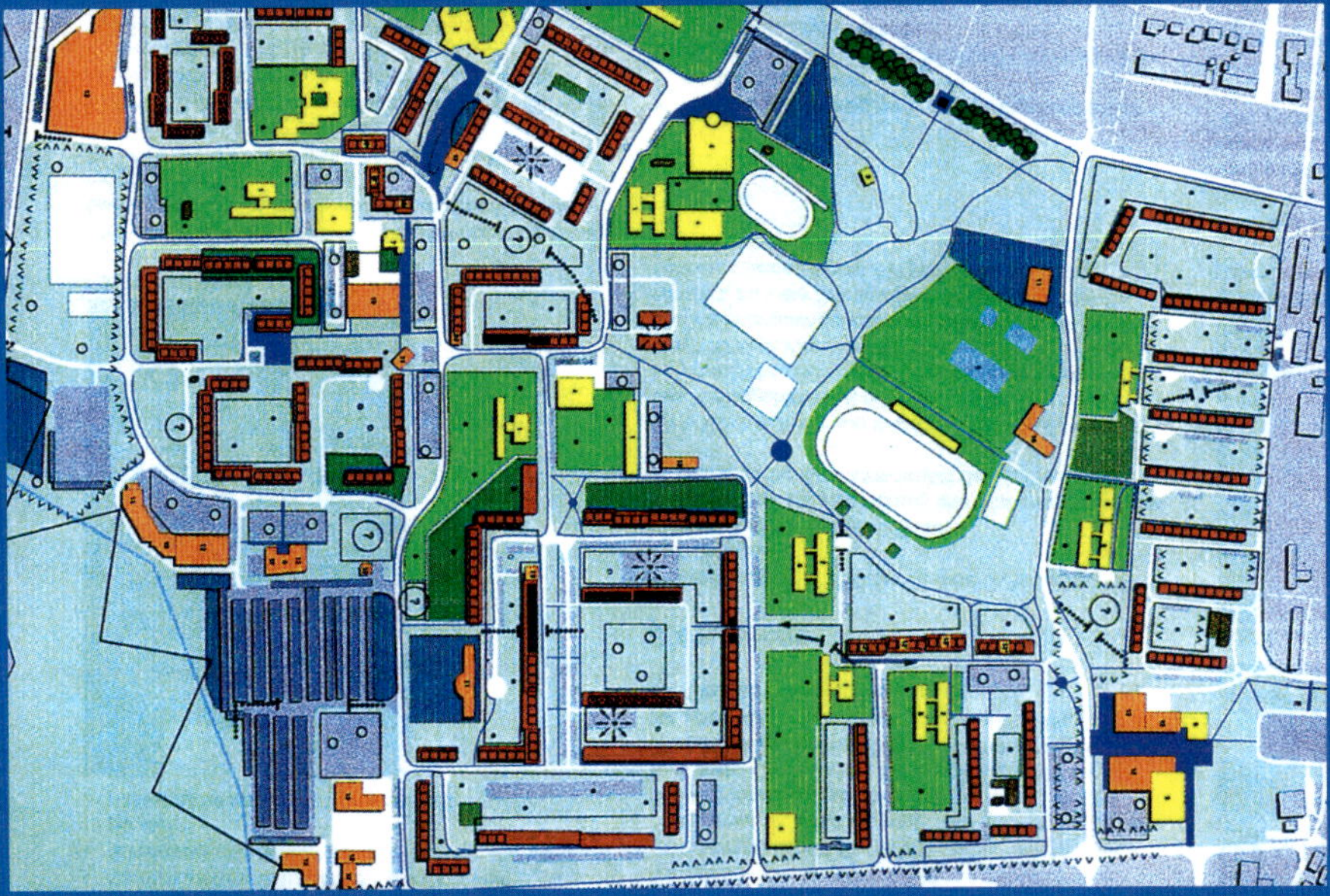

ライネフェルデ団地のまちづくりコンセプト図(ライネフェルデ市提供)

こうした局面で、住宅団地はいったいどうなっていくのでしょうか。また、老朽化した団地の居住者が、安全で快適な環境を手に入れながら、住み続けられるのでしょうか。団地再生研究会では、このような問いに対して、海外先進事例からいろいろなことを学びました。そのなかでも、多くの示唆を与えてくれた事例の一つが、今回紹介するライネフェルデ団地です。

社会主義時代に建設されたライネフェルデ団地

ライネフェルデは、旧東ドイツのなかの西側国境近くに位置する小さなまちでした。このまちに東ドイツ政府がセメント生産と紡績の工業基地を建設しました。その結果、1961年当時2600人だったこの地の人口は、ドイツの東西の壁が壊れる1989年までに1万6000人に膨れ上がりました。つまり、この30年の間に、この流入人口に見合ったライネフェルデ団地が、もとからあったまちの南側に建設されたわけです。

ドイツ東西統合が政治的に果たされると、大変な経済変化が旧東ドイツ領を襲います。東ドイツは旧社会主義圏のなかの先進工業国でしたが、市場主義経済圏に取り込まれたとたんにその地位を失いました。多くの工業地域で生産が縮小され、多くの労働者が職を失いました。ライネフェルデも、こうしたまちの一つでした。ライネフェルデの人口は２０１０年に半減すると予測され、１９８９年までに４０００人がまちから転出していきました。ライネフェルデ全体の20％の住戸が空き家となりライネフェルデ団地では26％が空き家になりました。

ラインハルト市長が推進する都市再生

ライネフェルデの市長は２０００年と２００１年に来日しており、日本で関係者を集めて団地再生の紹介を行っています。１９９４年から市長を務めるラインハルト氏は、もともと学校の教師を務めた、誠実でバランスのとれた人物です。市長の説明でよくわかったことは、この団地の再生事業が都市の生き残りをかけた最重要政策だということでした。

１９９４年から2年間でライネフェルデ団地のマスタープランがつくられました。計画の方針は次のようなものです。

①住宅と職場という紋切り型の社会主義的なまちの構造を豊かなものに転換させる
②市民が将来に期待を持てるような実績をつくる
③「労働」「居住」「自然」の各テーマに添って地区を評価する
④従来住宅に使われていた空間で、今後、不要となる空間を都市環境の質に転換させる
⑤もとからある市街地と連続性を持たせる
⑥未来型小都市にふさわしいまちなみを獲得する

これらの方針にしたがって、順次、団地再生事業が行われています。具体的には次のようなことが実施されました。

⑦散歩道とサイクリング路を整備すること
⑧住棟全部や住棟のなかの必要のない住戸を取り壊すこと
⑨隣接する住棟を新しい住宅パーツでつないでまちなみをつくること
⑩ロッジアと呼ばれるバルコニー増設により居室空間を充実させること
⑪リサイクル資源を使ってオープンスペースを整備すること
⑫青少年センターと余暇センターを整備すること
⑬居住者センターを整備すること
⑭「団地市民インフォメーション」と呼ばれる自治会を活性化させること

人口が減っていく時代の団地整備

ここでは、住棟を建て替えるのではなく、傷んでいる部分を補修しながら、部分的に増築や改築を行う団地再生の手

2	1
4	3
5	
6	

1. 左右の住棟が分かれている様子がわかる工事中の写真
2. 従前の長い住棟による殺風景な様子
3. 住棟が取り除かれて生まれた中庭空間に日本庭園が整備された。これは、マインツで建築の教鞭をとっている河村和久教授の設計によるもの
4. 長い住棟から不要な住戸を取り除き、住棟を分けている様子。この後、5階部分を取り外して残りの部分が再生される
5. 上の方に見える3棟が取り壊され中庭空間になった（ライネフェルデ市提供）
6. 2002年5月ライネフェルデ市長室における筆者とラインハルト氏

法が用いられました。さらに、減築と呼ばれる住棟の一部や全体を取り壊して、空いた空間を市民生活の質を高めるために活用しています。

日本の団地やマンションに住まわれているかたからは、なぜ建て替えないのか不思議に思われるかもしれません。その答えは、2010年頃に人口が半分になってしまうまちでは積極的に団地を建て替えられないということです。それでも都市を再生するためには、雇用機会を創出し、居住環境の質を高めなければなりません。このため、建て替えに頼らない団地再生の手法が採用されるのです。

必要以上に既存の住棟を壊さない団地再生という住環境整備の方法は、一つには資源の無駄遣いをしないという考えに基づいています。加えて、1990年以降、どうして団地再生がヨーロッパで数多く見られるようになったかを考えると、もう少し団地再生の必要性が理解できるかもしれません。

1990年以降、団地再生が目立つようになった一つの理由は、60年代、70年代に大量に建設された中高層団地が30年以上経過し、老朽化してきたからです。そして、老朽団地の整備に当たって建て替えでなく減築を含む再生の手法が選ばれたのは、地域の人口が将来増えるのではなく、減っていく見通しだったからです。さて、ここで日本の人口が減りはじめていることを考えてみてください。そうすると、築後30年程度の集合住宅をどこでも建て替えられるわけではないことに気づきます。

共用空間で左右の住棟をつなぎ、内部、外部ともにまったく新しく生まれ変わった再生後の様子

公・共・私――それぞれの領域を考える

ヘラースドルフ団地

道路やオープンスペースの「公」、建築躯体や配管などの「共」、そして各住戸の内外の「私」。団地再生において、これらを修繕する当事者は異なる。オープンビルディングという この手法について、ヘラースドルフ団地の例を挙げながら考えてみたい。

地域デザイン研究所 代表取締役 永松 栄

「公」「共」「私」にかかわる団地

2001年に「マンション管理適正化法」、その翌年に「マンション建て替え円滑化法」が施行され、そして2003年「区分所有法の一部改正」が施行されました。こうした議論や法整備は、マンションなどの集合住宅が一戸建て住宅とは違った特有の性格を持っていることが前提になっています。これは次のように説明できます。

一戸建て住宅というのは、「私」が自分で建てて、管理するものです。これに対して、アパートやマンションといった集合住宅は管理、修繕、建て替えに関して「共」が大きな影響力を持ちます。また、集合住宅がいくつも集まる団地と呼ばれるところは、道路、公園、学校、中心街といった公共的な「公」の要素を内包しています。

ヨーロッパ近代における「公」「共」「私」

19世紀に国民国家が形成され、同時に資本主義社会が成熟していくなかで、「公」と「私」の役割概念が次第に明確になっていきました。20世紀に入り、ヨーロッパ社会では「私」の領域において、営利的な住宅建設・管理企業と借家人との対立が起こりました。こうしたなかで、公的に借家人の居住権を保護する動きが出るとともに、自助的な活動を目的として借家人組合などが設立されるようになります。E・ハワードがイギリスで指導した田園都市と呼ばれる郊外住宅団地建設では、一般投資家と借家希望者が資金を持ち寄って住宅建設管理組合を設立して集合住宅を建設し、管理しました。

このような形で、20世紀初頭にヨーロッパにおいて住宅建設・管理における「共」が確立しました。

日本の住宅組合の起源

日本においても1921年に「住宅組合法」が可決され、グループによる家づくりに恩典を与える制度が導入されました。しかし、これらの組合はその後の社会情勢のなかで戦時産業推進団体へ変貌していったといわれています。その後、1963年に「区分所有法」が施行され、マンション管理組合の運営に関するルールが定まりました。阪神・淡路大震災の折、多くのマンションが多大な損傷を受けました。復旧に向け各管理組合が活動を行いましたが、このとき、「共」の部分の重要性が明確なものとなりました。

一方、公的な賃貸住宅アパートにおいても自治会や借家人組合が設置され、それぞれに「共」に当たる活動を行っています。

団地再生プロジェクトと「公」「共」「私」

団地再生プロジェクトというのは、建築後何十年か経過し、建物が老朽化するなかで、ちぐはぐになった居住者と建物の関係を修復することだといえます。これにより、建物を長持ちさせるとともに、居住者が住み続けられるようにするわけです。具体的には、建物の傷んだ部分を修繕することに加えて、段差を解消し、エレベーターをつけて高齢者でも住み続けられるようにします。また、賃貸住宅などで空き家が多くなっている場合は、住棟や住棟の一部を取り壊して公共的なオープンスペースとして活かせるようにします。また、団地内通路の舗装や駐車場を新しくすることもあります。

こうした工事のうち、道路や公共オープンスペースは「公」の領域だといえます。また、外部の人間が入ってこられる屋外空間などは、「共有」の空間であっても「公」を意識したものでなくてはなりません。ドイツの団地再生では、「公」に関係する部分の工事に市役所からの資金が導入されています。

それから、建築躯体、配管などは「共」の領域で管理組合や住宅管理会社の資金で工事が行われます。この「共」の領域では、エレベーター設置に伴って中階段式が片廊下式に変

2	1
4	3
6	5
7	

1. 19世紀半ばに「共」の概念を導入してベルリン公益住宅会社が建設した、プレンツラウアベルク地区の賃貸共同住宅
2. 20世紀初頭にベルリン公務員住宅協会が建設した、プレンツラウアベルク地区の組合住宅
3. 20世紀初頭にロンドン近郊でハワードの考え方にしたがって住宅建設管理組合方式で建設された、ハムステッド田園郊外住宅地
4. まだ再生工事を受けていないヘラースドルフ団地の街区
5. 再生工事を受け、ロッジアと呼ばれるバルコニーが取り付けられたヘラースドルフ団地の高層棟
6. 地下鉄ヘラースドルフ駅近くに整備された公共広場
7. 団地の玄関口に当たる、ヘラースドルフ駅近傍に整備された商業・業務街区

更されることもあります。

各住戸の内側の取り外し可能な内装や家具類は「私」の領域だといえます。ここでは個人がドゥ・イット・ユアセルフによって間仕切りをつくったり、つくりつけ風の家具を組み立てることができます。

このような「公」「共」「私」といった、性格の違う集団が建築環境にかかわっていることを前提に、建築環境を構成することを「オープンビルディング」と呼んでいます。

団地再生に関するオープンビルディング評価

旧東ドイツのライネフェルデ団地では再生工事に先立って、環境評価を行いました。このとき、都市再生の柱になっている「産業」「居住」「自然」という視点で地区別の課題を拾い上げていきました。これを計画事務所が行い、市役所側でさらにオープンビルディングの視点で再評価しました。

その結果、「公」の領域である、住棟を取り除くと都市空間の構造が整うこと、それから、集会所、学校、商業施設も改善すべきであることがわかりました。

また、「共」の領域では建物の修繕が必要なことのほかに、新しいタイプの住宅が必要なことがわかりました。さらに「私」の領域では住戸面積を広げる必要があることや、高齢居住者を1階に移転させるべきこともわかりました。

ヘラースドルフ団地における「公」の部分の強化

ドイツ首都ベルリンの旧東ベルリン地域に、ヘラースドルフという大型団地があります。ここでも総合的な団地再生が行われています。この団地では、とくに「公」の部分の整備に特徴があります。地下鉄駅を有するヘラースドルフ団地は東西統合の結果、位置はもとのままですが、統一ベルリン中心部に直結した団地に性格づけが変わったのです。

これに対応して、市当局は駅前の都市計画を書き直し、駅を中心とした拠点街区整備を誘導しました。この団地の生活の質は、こうした公共的な施設整備と住棟などに関する再生工事によって、旧西側の水準に達しています。

管理組合の修繕委員会などで、「オープンビルディング」と呼ばれる考え方にしたがって、「公」の領域、「共」の領域、「私」の領域を設定して一度、環境を点検しながら議論してみることをお勧めします。何か、新しい課題が発見できると思います。

第2章

環境にも人にもやさしい団地再生とは

しっかりとした素材を使っているにもかかわらず、日本の住宅の耐用年数はアメリカやヨーロッパの約1／3といわれている。新たに住宅を建てれば、その分資材は使うし、環境には負荷がかかる。住宅購入にばかり費用がかさみ、暮らしを楽しむ余裕もない。このサイクルを脱却するためにも、今ある住宅に手を入れて上手に住まうことが必要だ。ヨーロッパの工夫に学んだうえで、日本の風土に適した環境と人にやさしい再生術とは？

環境にやさしい再生方法

ドイツの小集合住宅の団地再生

短い期間で行われる住居の建て替え。
それを繰り返していくと、未来の環境はどうなるのか。
ドイツの集合住宅を例に、
環境を壊さずに共生することで再生した団地のあり方を考えてみたい。

野沢正光建築工房 代表取締役
野沢正光

のざわ・まさみつ
1944年生まれ。野沢正光建築工房代表取締役、東京芸術大学大学院非常勤講師

地球環境問題の時代

気候変動と環境問題との連動メカニズムが解明されたわけではありませんが、ものを燃やす際に出る二酸化炭素などの温室効果ガスが気候変動に影響を与えていることはすでに周知のこととなっています。

20世紀の最後の10年間には、リオ国連地球サミットや京都地球温暖化防止会議をはじめとする多くの国際環境会議が開かれ、地球環境問題への対応が開始されました。

こうした国際会議の報道から、私たちは「地球温暖化」「オゾン層破壊」「酸性雨」「海洋汚染」「有害廃棄物の存在」「生物多様性の危機」「砂漠化現象」などの普段目にすることのない重大な環境問題を知らされました。

環境に関する建設事業の影響

1996年の欧州連合環境会議委員長のK・コリンズらによるレポートは、環境問題に対する建造物の影響を指摘しています。これによると、エネルギー使用の5割、天然資源使用の4割、オゾン層破壊物質使用の5割、農業用地減少の8割、水利用の5割が建設事業と関係するとされています。

日本でも、住宅や生活に関係する分野と環境問題との関係の議論が進み、1993年に当時の建設省が環境共生住宅市街地ガイドラインを策定し、「省エネルギー」「自然エネルギーの活用」「資源有効利用と廃棄物削減」「周辺自然環境との調和」「居住環境の健康性、快適性の確保」を促しています。

また、2002年5月に建設リサイクル法が施行され、建造物の解体などに伴う廃材の再資源化が義務付けられました。

環境にやさしい団地再生

日本の住宅平均寿命は25年程度だといわれており、20世紀後半の50年間に私たちは二度か三度の建て替えを経験した計算になります。今日5000万戸の住宅が日本にありますが、少なくとも8000万戸程度の住宅がこの50年の間に撤去されたと推計されます。ここから発生した廃棄物は50億トンを超える膨大なもので、国民一人当たりに換算すると5トンになります。

新建材などの廃棄物のなかには、処理すると有害物質が発生するものもあり、その処置が問題となっています。また処理できる廃棄物も、処理の過程で二酸化炭素などの地球温暖化ガスを発生させることになります。

全地球を見渡しても、竹や紙、布でつくった住宅ではなく、しっかりとした木材、鉄、コンクリートでつくった住宅をたった25年で壊してしまう地域は日本だけかもしれません。

ここで、本題の集合住宅団地に話を戻しますが、現在、築後30年程度の集合住宅において活発な建て替えの議論が起こっています。そのなかには、耐震上の問題や日常的な安全の問題から建て替えを急がなければならないものもあります。しかし、まだ住み続けることが可能な集合住宅で建て替えが検討されることも多いようです。集合住宅というのは壊してしまえば廃棄物となります。したがって、60年使えるものを30年で壊してしまうと2倍の廃棄物を孫の世代に付け送りすることになります。これを、なるべく回避すべきだということは、容易に理解できます。ですから、集合住宅団地をすべて壊してしまい新たに建て替えるのではなく、既存の構造躯体や環境などを活かしながら居住環境を維持・向上させることが求められます。これが団地再生という考え方です。

居住者にやさしい団地再生

日本の住宅は、欧米の住宅寿命の3分の1以下となっていますが、このことは国民一人が一生に支払う住宅費用を押し上げています。私たちは、住宅建設に家計の多くの部分をとられ、欲しい家具を揃えたり、庭をつくることに家計を使うことができません。同様に、諸外国並みに余暇を楽しむこともできないという現実です。

これまで、日本の住宅費用の高さについて、単純に地価が高いからだと考えてきましたが、どうもそれだけではないようです。

確かに集合住宅を建て替えないで再生することはけちなことのようにも見えますが、残った資金を住宅本体以外の環境整備に充てることで、成金的豊かさではない、成熟した豊かさを手に入れることができます。

環境共生志向の団地再生事例

最後に、ドイツの環境共生志向の集合住宅団地再生事例を紹介します。

「省エネルギー」では、まず外壁の断熱性能の向上を図り、冬場の暖房用エネルギーの消費を抑えます。古いレンガ造りの集合住宅を再生する場合は、壁が蓄熱するので断熱材とあいまって省エネ効果を高めます。また、屋上緑化も外断熱の役割を果たします。

「自然エネルギー利用の推進」では、集合住宅に太陽光発電パネルや太陽熱採取パネルを取り付けたりします。また、バルコニーや屋根裏部屋をガラス張りの温室に改造して、屋内気候を調節する空間や共同物干し場として活用しています。

「資源有効利用」では、水道に節水型の水栓を設けたり、実験的に浴槽排水から暖房用の熱を取り出したりします。さらに、浄化装置を介してトイレ用の中水（上水と下水の中間の水）タンクに回すこともあります。また、雨水タンクを設けて、庭の水やりに充てたり、中水として利用します。

「廃棄物削減」では、生ごみ処理用のコンポストを設置することがありますし、改造工事に必要な建築材料は再利用が容易で健康に配慮したものが選ばれます。

「周辺自然環境との調和」では、外壁から少し浮かせてネットを張って、緑化することもあります。これは夏場における外壁の蓄熱を緩和させます。また、雨水排水を下水に流さずに、直接、大地に還《かえ》すような工夫をすることもあります。

「居住環境の健康性、快適性の確保」ということでは、庭の緑化再整備が多く見られます。また、自然エネルギーを活用したり、化石燃料の消費を抑えるような改造は、多くの場合、人にもやさしい環境を提供してくれます。

とくにヨーロッパの事例から学ぶ点は、計画の段階で住民がしっかりと環境共生の意味とその生活スタイルを理解しようとしていることです。この段階がないまま、環境共生住宅に改造しても、住民が使いこなせないということがあります。

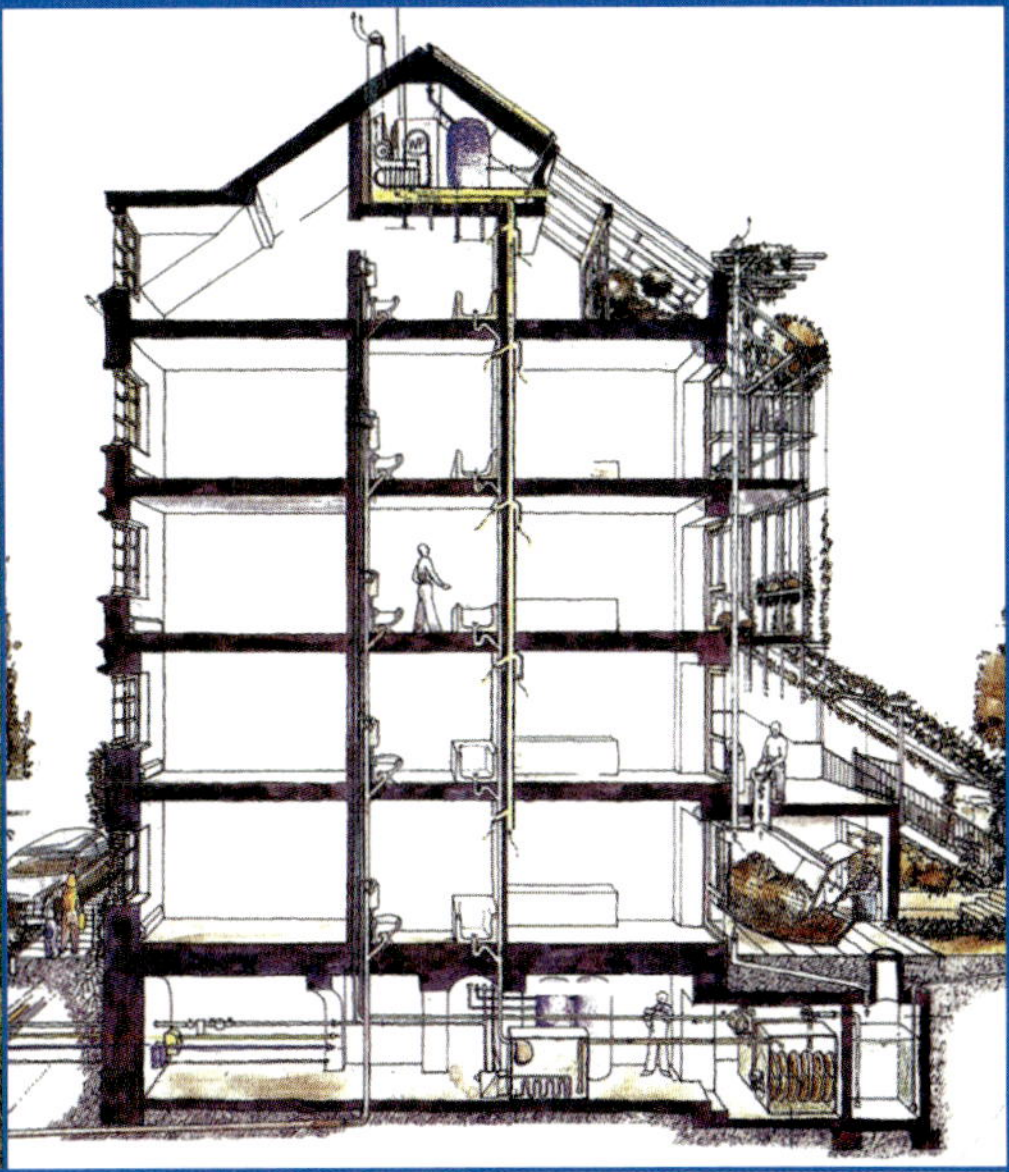

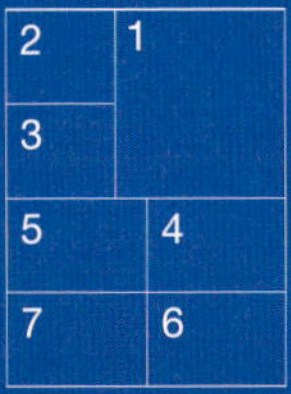

1. ミュンヘン・パリザー通りの環境共生型団地再生を行った集合住宅断面図
2. ベルリン・オラニエン通りの別の小集合住宅での太陽光発電パネルの設置
3. ベルリン・オラニエン通りの小集合住宅住民が自分たちの手で行った屋上緑化
4. ベルリン・ゲルリッツ通りの小集合住宅の外壁緑化と屋上温室の設置
5. ベルリン・ユニオン広場の小集合住宅群の環境共生型団地再生の見取り図（緑化の様子がよくわかる）
6. ゲルゼンキルヒェン・シュンゲルベルク団地で、近所を流れる小河川の水量を確保するために設置された雨水地下浸透施設（左側地面に樋状のくぼみ）
7. ベルリン・シェーネベルクの小集合住宅で設置した太陽熱温水器に接続される屋根裏タンク

付け加え・取り去りで居住環境を整備

ライネフェルデのサステイナブルな団地再生

環境保全に立脚すると、
避けては通れない「サスティナブル」というキーワード。
ドイツのライネフェルデの建物に見られる
「持続可能な」団地再生策とは、どんなものであろうか。

野沢正光建築工房 代表取締役　野沢正光

サスティナブルがキーワードとなる時代

「サスティナブルな」とか、「持続可能な」といった形容詞がここ10年ほどの間に市民権を得てきています。この言葉の世界的普及のきっかけは、１９９２年にリオデジャネイロの「環境と開発に関する国連会議」の宣言文にありました。この宣言文の第一原則は、次のように記されたのです。

「人類は、持続可能な開発の中心にある。人類は、自然と調和しつつ健康で生産的な生活を送る資格を有する。」

この宣言の背景には、科学的なデータから判断して、人類の健康で生産的な生活は将来に対して持続できるかどうかわからなくなってきたという状況がありました。将来の危機に関する要因がいくつかありますが、地球温暖化が深刻な問題であることは明らかでした。

このため、リオデジャネイロの環境会議の折、地球温暖化防止条約が締結されました。その後１９９７年、京都で３回目の同条約締約国会議が開かれ、日本政府の主導で各国の地球温暖化ガス削減の数値目標議論が進みました。

このＣＯＰ３と呼ばれる京都議定書は、人類の持続可能性に向けた具体的な一歩となり、日本政府の地球環境への取り組みの真剣さを示した点で、国民を納得させました。

サスティナブルな建築

当然、建築分野もトータルに地球温暖化抑制に向けて舵《かじ》を切らなければならないことが明らかになりました。日本建築学会でも建築の寿命を100年にすること。そして建築を生み出し、これを使い、使い終わって処分するまでに発生する地球温暖化ガスを3割以上削減することを目標として定めました。

日本の建築寿命は、諸外国より短いといわれます。これは、戦後の建築のつくりがちゃちだったということもありますが、それだけではありません。20世紀後半の日本の社会変化が激しく、オーナーは建築に対する利用目的を、短期間で変更せざるをえなかったのです。そして、その利用目的変更に追従できない建築は、取り壊されることになったのです。

これに対して、建築物自体が硬直していることに着目した改善策も、考えられはじめました。スケルトン・インフィル住宅はこのはしりで、内装の変更をコンクリートの壁や柱と切り離して容易に変更できるようにしました。また、オフィス床供給激化から都心の中小ビルを救おうとする手法としてコンバージョンも生まれました。これは、オフィス向けにつくられた建物の構造と外壁を活かして、内装と設備を住宅向けに入れ替える技術開発から生まれました。

こうした建築の考え方は、硬直した建築を社会ニーズに対して開いていくという意味で、オープンビルディングと呼ばれることがあります。この建築寿命を長くする手法は、設備を容易に入れ替えられる点で、トータルな二酸化炭素発生抑制にも結びつきます。建築の2000年ほどの技術の発展を見ると、建築架構に関する技術は成熟していて、むしろ設備系の技術に革命的発展が期待されています。

いずれにしても、サスティナブルをキーワードとする社会にあって、このオープンビルディングの発想は極めて重要です。

サスティナブルな団地再生

私たちは、ここ4年ほどヨーロッパの団地再生の調査を行ってきました。当初、こんなことが日本で実現できるのだろうか、という疑問を感じました。しかし、現実に日々行われている「団地建て替え」や「団地修繕」のなかに新しい考え方を埋め込むことが必要だと考えるようになりました。現在、団地再生研究会で考えている新しい考え方は以下のものです。

①「団地建て替え」事業において、壊さずに将来に活かすべき要素を把握し、活用する。

②「団地修繕」事業において、将来に向けて改造・改良すべき要素を把握し、実施する。

③総合的な団地再生として、既存資産の活用を念頭にお

いて「建て替え」「修繕」「建物の用途転換」「土地利用の転換」を組み合わせることを検討し実施する。

ライネフェルデのサスティナブルな団地再生

このあたりの考えをまとめるに当たり、旧東ドイツのライネフェルデ市で実施されている団地再生が参考になりました。ここでライネフェルデ団地再生のエッセンスを紹介します。

①**そのまま使う＝転用**　廃校になった学校などを、取り壊さずに高齢者などのデイサービス・センターとして使っています。ほかにも、不要になった建物を壊さずに、新しい利用法を考案して使う工夫が行われています。

②**切り取る＝減築**　居住世帯が減る傾向にある団地では、住棟の全部、あるいは一部を撤去したうえで、全体的な修繕を行います。

③**付け加える＝温熱性の向上**　ドイツでも古い団地の断熱性能はかんばしくなく、エネルギーの無駄が多くなっています。ライネフェルデの団地再生では、外壁の外側に断熱材を取り付けたり、木造断熱サッシに交換して、冬場の暖房の効率を改善しています（日本ではアルミサッシが唯一、最善のものと考えられていますが、ヨーロッパでは性能的に優れた木造サッシが普及しています）。

④**付け加える＝ノーマライゼーション**　一般に行われているものに、居住者の高齢化を見越したエレベーター設置があります。ライネフェルデでは、1階に高齢世帯を転居させることと連動して、1階バルコニーに中庭側から斜路で進入できるようにしています。

⑤**付け加える＝連結と増床**　一人当たりの居住床面積は徐々に増える傾向にあるので、古い団地の再生に当たっては、二つの住戸を連結させることが行われます。これは左右の住戸を連結するもののほかに、上下を階段で連結することがあります。

⑥**付け加える＝新しい機能**　とにかく必要なものは、付け加えます。ライネフェルデでは、図書館、クリニック、店舗。それから、公園、駐車場、運動施設などが付け加えられました。

⑦**付け加える＝楽しさ、安全**　さらに、生活の楽しさを付け加えます。例えば、バルコニーを大きくする。日除《よ》けを付ける。プラントボックスを設ける。1階住戸に専用庭、専用玄関を設ける。屋根をのせる。色彩を整える。

このなかに私たちの集合住宅で実現できるアイディアは、絶対にあるはずです。

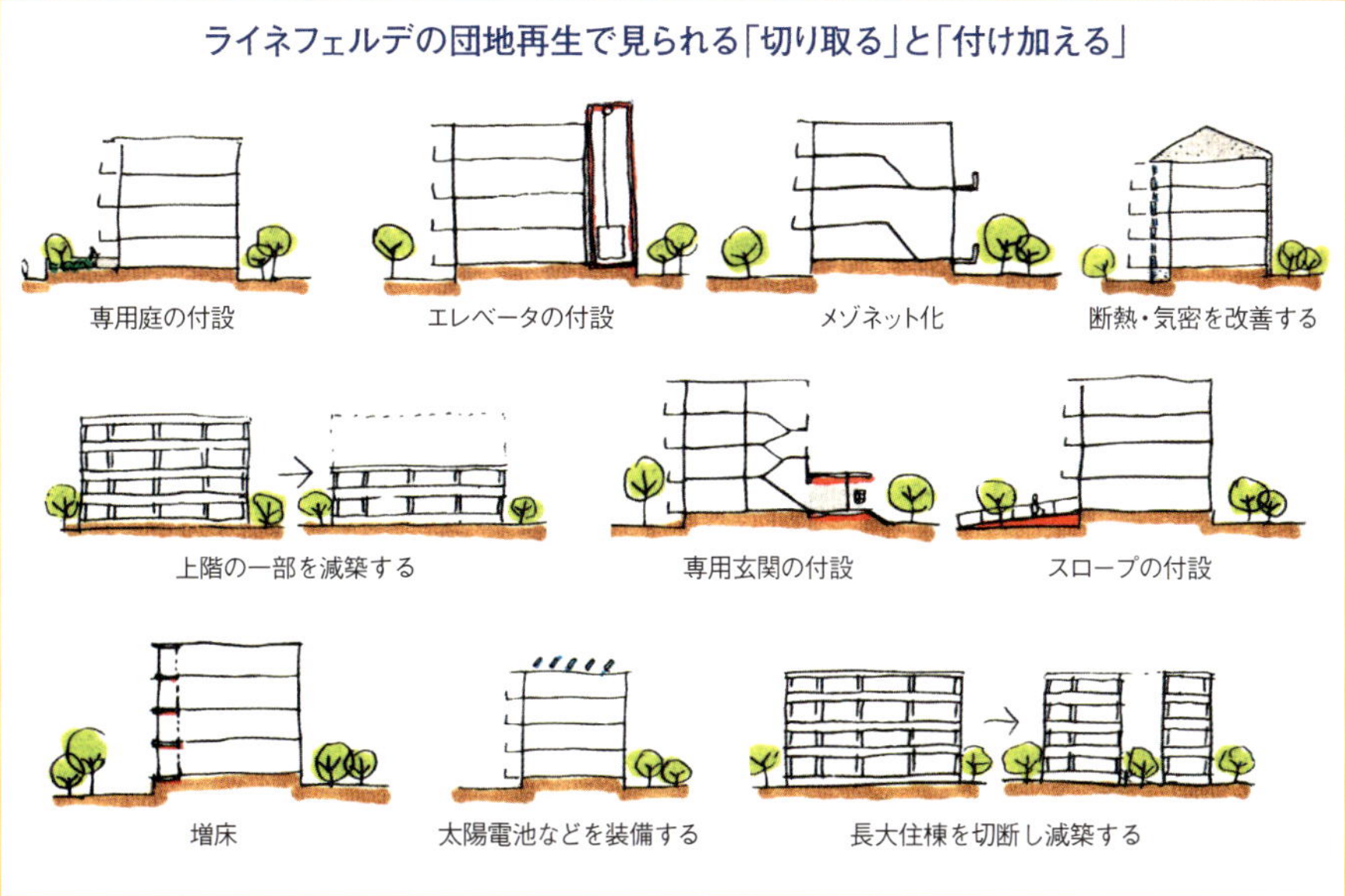

2		1
5	4	3

1. 長大住棟を切断し減築する
2. 壁の外側に断熱材をはる
3. 木造屋根を取り付ける
4. 小店舗を設ける
5. スロープをバルコニーに取り付ける

既存団地をエコタウンとして再生

スウェーデンのインスペクトーレン団地

持続可能性を高めるためには、
環境を利用したエコロジーな手法が求められる。
ここでは、太陽熱や廃棄物の有効利用などの手法を取り入れた、
スウェーデン・インスペクトーレン団地の「エコタウン」を見てみよう。

武庫川女子大学 生活環境学部 教授
大坪 明

おおつぼ・あきら
1948年生まれ。武庫川女子大学教授。株式会社アール・アイ・エー顧問。NPO団地再生研究会理事

地球環境問題への取り組み

温室効果ガスの削減目標を国際的に定めた京都議定書が2005年2月に発効したことは皆さまもご存知でしょう。わが国では行政も産業界もこの目標を達成するために重い腰を上げようとしていますが、まだ取り組みが必ずしも十分とはいえません。今回はヨーロッパで団地を再生し、生活空間を整える際に採用されたこの方面の取り組みを紹介しましょう。

ヨーロッパの住宅団地の課題

現在、第二次世界大戦後に建設されたヨーロッパの住宅団地では、いくつかの共通課題を抱えています。

①かつての共産圏を中心として、既存のコンクリートプレハブ住宅団地での建物の質と環境が好ましくないこと

②築後数十年を経過した住宅団地の建物が老朽化していること

③人口の減少や社会的暴力の横行によってコミュニティが崩壊しかけていること

④持続可能性を高めるための処置が必要となっていること

などの点を挙げることができます。ヨーロッパではとくに地球環境の将来を危ぶむ意識が強く、団地の再生に取り組む

（写真1）団地内の景観。住民の選択によりさまざまなバルコニーがついている

際にもこの課題が必ず念頭に置かれて、さまざまな取り組みがなされているのです。

EUの取り組み

EUでは地球環境問題に焦点を当て、戦後の住宅ストックを使い続けながら、よりよいものに改修する新しくて持続可能性の高い手法を開発し、それを試して評価するために、9か国が参加したプロジェクトが立ち上げられました。以下に紹介するのはそのパイロット・プロジェクトの一つで、そのプロジェクトを推進する際の中心的役割を担ったスウェーデンの住宅会社カルマールヘム社が保有・管理するインスペクトーレン団地の再生プロジェクトです。1950年代後半に建設された5棟160戸からなる小規模な団地です。

インスペクトーレン団地での取り組み

再生に際して建物の現状が、使われている建築資材に至るまで克明に調べられ、さらに入居者が日常生活で消費しているエネルギーの実態も調査されました。新たな建設資材や機器が地球環境に与える負荷の度合いをメーカーや納入業者の申告をもとに5段階で評価し、使用不可と評価されたものは使用されません。さらに現在使われている資材でも、環境に

有害なものは改修の際に安全なものに置き換えられました。

団地全体から出るさまざまなものを資源としてとらえて、それを循環させて利用することが徹底的に検討されました。太陽熱を利用する（写真2）。下水として排出されていた雨水を団地内で活用する。有機廃棄物を農業用肥料として農村部で利用する。トイレから尿を分けて集め、尿素を肥料として利用する。そのほか、生活ごみの分別と再利用などです。団地の内部だけではなく都市と農村を含む広い領域で資源を循環させることを目的としたシステムを築いていることが特徴的です（図1）。

尿を分けて収集することは技術的な問題で実現しませんでしたが、将来対応することができるような処置がなされました。生ごみは流しの下のディスポーザーで処理され、下水を経由して処理場で汚泥やガスに分離されます。汚泥は肥料に、ガスはエネルギー源に利用されます。雨水は人々がその大切さに気づくように川や池や天水尊としてデザインされており（写真3）、団地内にある菜園の水やりにも利用されています（図2）。さらに公共下水道システムの負荷を極力減らす工夫もなされました。

建物の改修は階段・住戸・バルコニーに及びます。住戸は、①慎重改修タイプ（改修は最小限、傷みの少ないものは極

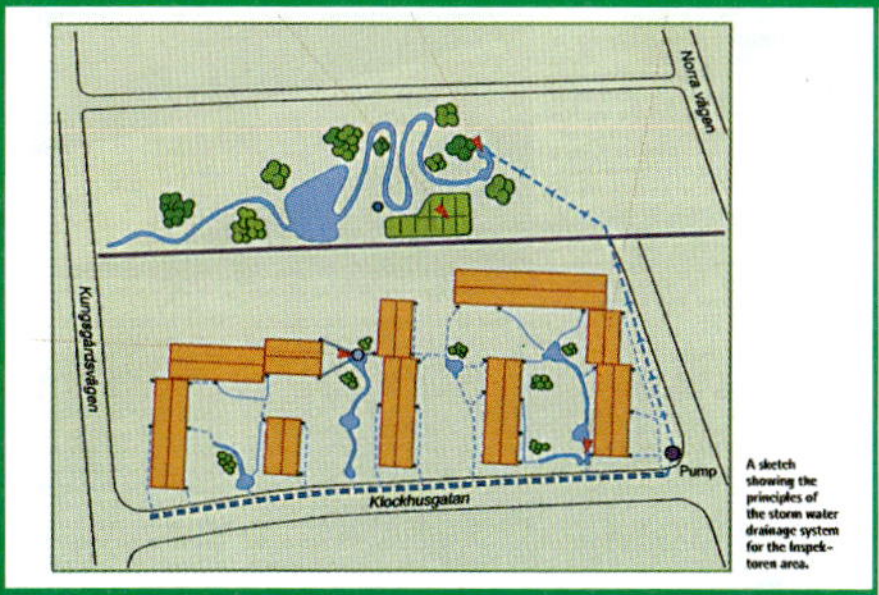

A sketch showing the principles of the storm water drainage system for the Inspektoren area.

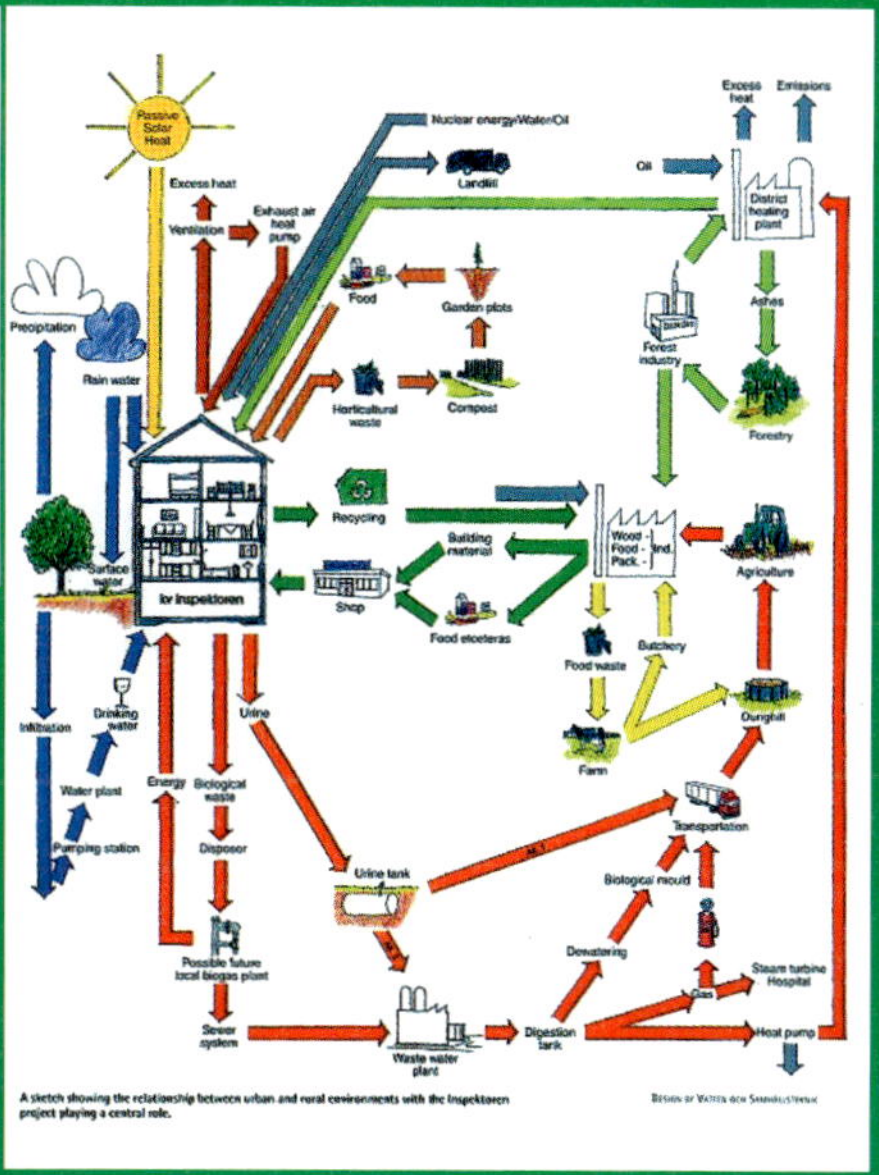

A sketch showing the relationship between urban and rural environments with the Inspektoren project playing a central role.

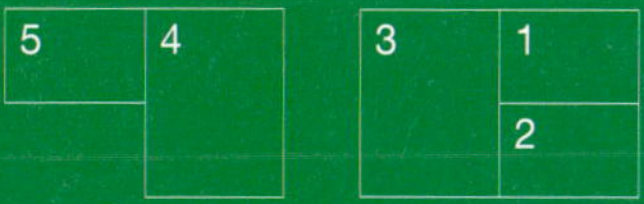

1.（写真2）屋根にのせられた太陽熱集熱パネル
2.（写真3）雨水を貯める様子を視覚化した天水尊
3.（写真4）冬の庭と呼ばれる居間の前につくられた温室のようなスペース
4.（図1）検討された物質循環のメカニズム
5.（図2）団地配置と雨水の流れるルート。川や池がデザインされている

力再利用）
②標準改修タイプ（間取り変更、内装のやり替え）
③環境技術満載タイプ（間取り変更、内装のやり替え、さまざまな環境配慮技術を導入）

の3通りのタイプが用意されて、それらのなかから住民自身が選ぶことができました。大半の居住者は②を選んだようです。また、各戸が異なるバルコニーの形状を選んだため、建物の外観には住民の個性が出てきて表情豊かなものになっています（写真1・P63）。

環境技術満載タイプの環境配慮技術

　このタイプの住戸では、窓を二重にした間に植物を植えた「気候調整ルーム」と呼ばれるスペースを設け、二重サッシ化で窓の断熱性能を高めたうえに、外気がそこを通って室内に導かれる際に植物に触れて少し暖められます。冬の庭と呼ばれる温室のような部屋が居間の外側にも設けられて、さらにそこには熱をあまり通さないガラスを使った建具が入れられており、暖房に必要なエネルギーを節約しています（写真4）。

　また電気節約の観点から、冷蔵庫の代わりに雨水排水システムから吸い上げられる冷気で冷やす保冷庫も備えられましたが、これはうまく作動せず結局のところ普通の冷凍冷蔵庫に取り替えられました。

ごみを分別して収集

ごみの分別収集は当然行われていますが、実は改修当初にはそれが近辺にあるからという理由で団地内に設置されませんでした。しかし住民はそこまで行かず、団地内のごみ集積場に分別せずに捨てるという事態となってしまいました。これは団地内に分別ステーションを設けることで解決されましたが、環境意識が高くない普通の人には利便性が大切だといえます。分別ステーションは小パビリオン風にデザインされました（写真５）。

従量制によってエネルギー消費が減った

また、日本では考えられないことですが、再生前は水道光熱費が使用量に関係なく一律で、結果として使い放題になっていました。それを従量制にして家庭の経済と生活の質を連動させることによって、エネルギー消費が約40％削減されたことが、改修の前と後での計測で明らかになりました。これはエコロジー化の大きな要素です。私たちも普段の生活で消費するエネルギーを減らす努力をしてみれば、意外と効果があるかもしれません。

私たちも地球環境の将来を深く考えなければ

ヨーロッパではこのように既存の建物ストックを使い続けたり、外壁に外断熱を施すという対策以上に、さらに地球環境の将来を考え持続可能性を追求して、既存の団地をエコ団地にした例があります。わが国では古い団地は建て替えることが主流になっていますが、このような事例と比べると地球環境に対する考えの差は大きいものがあります。私たちも将来に対して何が大切かを考えることが必要な時代になっているのです。

（写真5）ごみの分別ステーション。小パビリオン風にデザインされている

古いものから長所を見いだし、エッセンスを加える

ドイツの再生の意識

団地再生では、個人のリサイクル意識が求められる。
ドイツではその意識が高く、
粗大ごみに出された廃品の再利用もいとわない。
ここで、ドイツにおけるリサイクルの生活風景をのぞいてみよう。

建築文化研究家　西山由花

にしやま・ゆか
1975年生まれ。神戸大学卒業後ドイツ・バウハウス大学へ。その後、東京での設計事務所勤務を経て、現在スイスに在住

ドイツに広がるリサイクルの概念

ドイツはリサイクルの国といわれます。

ごみ一つ捨てるにしても、容易ではありません。個々の家から出される可燃ごみ・不燃ごみの分別。そしてビン・缶などの通常の分別。また、それぞれの地区のごみ収集所には大形のコンテナが設置してあり、そこでは色別のビンの回収も行っています。

可燃ごみのなかでも、そのまま再生可能な紙類とそのほかの可燃物との分類が当然のこととなっています。さらに、この共同ごみ置き場にはドイツ赤十字による衣類・靴などの再生コンテナまであります。少し古くなったり、あまり着なくなった衣類をほんとうに必要とする人々に使ってもらおうというシステムです。

ごみを捨てる際の分類が面倒なため消費者は商品の購入段階から考えて買うようになり、また製造者も商品にリサイクルマークを付けるために、分類が明確な簡易包装を心がけています。消費者と製造者の努力からごみは減り、休業するごみ処理場まで出てきています。

まさしくリサイクルの概念が個人レベルまで行き渡っていることの証拠といえるでしょう。

粗大ごみの日

ドイツには半年に一度、通りによって決められた粗大ごみの日があります。回収は早朝ですが、前日の夕方からごみは少しずつ通りに出てきます。

ごみの不法投棄を防ぐため、どの日に粗大ごみを出せるかはその通りの住民以外には公表されません。しかし、道端にいろいろなものが並び出すと当然その対象地域は明らかになり、その情報は学生間で飛び交うのです。そうなるとその夜のイベントは決まったようなもの。ごみを捨てに行くのではありません。懐中電灯片手に夜の宝探しツアーに出かけるのです。

人の好みなんてのはほんとうにさまざまで、まったくもっていろいろなものが通りには積まれています。パンクした自転車のタイヤ、スプリングの飛び出したマットレス、壊れたスピーカーなどなど。ビーチチェアーにお皿なんてものまであります。

これらのものは持ち主が所有権を捨てた品物、つまり誰が何を持ち帰ってもよい品物だと判断されます。どのみち放っておけば自動的にごみとして処理されてしまうのです。その大半が壊れていて一見まったく使えそうにないものなのですが、その本来の輝きを見いだせる人に出会ったとき、これらのごみは生まれ変わることができるのです。壊れていたってなんのその。少し手をかければよいのです。

壁崩壊後しばらくの間は、旧東ドイツの多くのまちでは、この粗大ごみの日にかなりのものも無造作に捨てられていたようです。「ドイツ統一」という、この歴史的な事実を契機に新しい人生を始めようとしていた人々は、過去の記憶である古い家具や、決まりきった日用品を捨てることを好んで行ったからです。

ちょうどその頃ワイマールで勉強を始めた旧西ドイツ人の友人は、誇らしげに当時の「粗大ごみ」を見せてくれました。球形のシンプルな乳白色のガラスの電灯のかさや、今ならアンティークになるような木製のイス、部屋の間仕切り、たっぷりとお皿の載る木のお盆、真鍮《しんちゅう》製の鍋敷きなどなど。これらのものは手入れをされて、今でも立派に現役で使われています。

現在ではそんな掘り出し物を見つけるのは難しくなってしまいましたが、みんなそれぞれの宝探しに夢を膨らませています。

小さなカフェテーブルや特大の植木鉢。ばらばらになってしまっていますが、マルセル・ブロイヤー作の皮でこしらえられたイスの部品も見つけることができます。とくに今でも

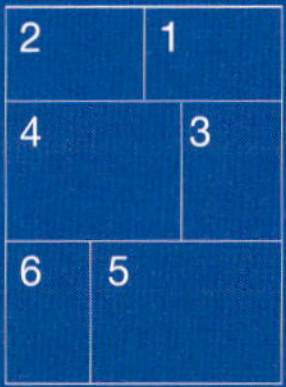

1. このなかから自分たちだけの宝物を見つける
2. これが救出された床。こんなにも立派!
3. ときにはこういう掘り出し物もある
4. 学生たちのアパート。鏡だってランプだって実は粗大ごみ出身である
5. アパート共用のキッチン。棚や作業台はDIY。調理器具は中古品。
アイディア次第でこんなに快適
6. パリ出身の粗大ごみ。リサイクルに国境の壁はない

お金持ちの邸宅が並ぶクラナッハ通りの粗大ごみ探索ツアーは盛り上がります。同じ日に時間帯を変えて何度もごみ置き場をのぞきに行くのです。まだ十分に使えて質のよいものを見つけることが多いからです。

遊び気分の学生たちを横目にトラックで乗り付ける「廃品回収のプロ」たちもいます。そのやり方は凄まじく、自転車なら自転車で、そのあらゆる部品をトラックに山積みにしていくのです。壊れた自転車でもいくつもの自転車の部品を組み合わせれば、まともな一台になります。彼らはこれをほんとうに商売にしてしまっています。

これらの行為をよしとするか悪しとするか、いずれにせよ、次の日の朝に市の業者によって回収されるごみは、出されたごみより減っています。この回収されたごみも当然リサイクルの一途を辿《たど》るのですが、その前にすでに選定が行われています。ごみは減り、ごみを持ち帰った人々も幸せになっているのです。

学生たちの住まいにお邪魔すると、そんな機会で得た宝物たちをよく見かけます。要は、アイディアとその使いようなのです。古ぼけた家具や道具が誇らしげに第二の人生を歩んでいるのを見つけると、なんだかこちらまで幸せな気分になったものです。

ほんとうにいいものを自分たちの手で

ドイツの学生の間ではWG（wohngemeinschaft=住む・共同体）と呼ばれるシェアシステムが一般的です。これは通常家族用の住戸に独立した世帯主が共同生活をするものです。

一般的には3～4人のWGですが、その規模はさまざまで、二人用の小さな住戸から、バスルームが二つもある7～8人住まいの大所帯までありました。このような住まい方は、時代ごとの要求に応えて生まれてきた、さまざまな規模の住宅の再利用法の一つです。日本のように新しい住戸の少ないドイツには、ワンルームマンションをほとんど見つけることができません。現在のような生活スタイルになる前からあった、一人で借りるには大きすぎる家族用アパートがあふれています。なかには当時の裕福な所帯用だった、ゆったりした空間構成のアパートもあります。

時代は変遷し核家族化が進み、現在離婚率が50％ともいわれているドイツでは、その核家族すら崩壊の兆しにあります。そんななか、家族用住宅を違ったライフスタイルで利用することができるのは、他人との共同生活を決断した若者たちなのです。

ＤＩＹが日常的であるドイツでは、住宅の改装も日常のなかで起こります。学生、とくに建築学やアート専攻の人たちが、もっとも身近な空間である自分たちの住まいに手をつけないわけがありません。人任せでなく自らの手による生活の場としての住まいの改造です。

壁の色を塗り替えるなんて朝飯前。床を張り替えたり住宅平面図を変更したりなんてこともやってのけます。そんなとき私がよく感じたのは、彼らが住宅の改造をやっているというよりは、その住宅の本来の特徴を見いだし「再生」しているということでした。

それぞれの住宅、建物が持っている歴史を消すのではなく、そのよさをまずは見つめ直し、長所を活かして長年住み続けていく方法を、ドイツの人たちは日常の生活のなかで自然に学んでいるのではないでしょうか。

その手法はさまざまです。ただ、共通しているのは、短所を見極め、長所を見いだし、そしてエッセンスを加えるということ。そしてその作業過程には、ものを大切にするという基本概念がいつもあるということです。

安っぽいカーペットが敷かれていたリビングを、もとの板張りに再生していた友人たちもいました。カーペットを剥《は》いでみると、なんとその下からは木幅30㎝もあろうかという立派な床が登場しました。手入れの面倒さや騒音などが問題になって、過去に安価で手入れの楽なカーペットに変更されてしまっていたのです。

カーペット接着用のボンドで汚れてしまっている木材の表面を、大型の電動やすりを用いてどんどん磨いていきます。昔の建材はしっかりしていて、床用の木材も例外ではなくかなり分厚いため、多少削ったところでなんの問題もありません。もちろんこの作業前には、すべての開口部や隙間を目張りすることを忘れてはいけません。丸２日ほどかけて救い出された床にワックスを染み込ませ、待つこと１日強。そこには20世紀初頭の立派な板張りの床が現れました。あとはドアの高さを調整して作業は終了です。

古くてよいものの再生、そんなことが日常に行われているということを実感した一瞬でもありました。

まちの再生と住民参加

このように、再生という概念がすっかり日常に根づいているという印象を受けるドイツでは、まちの再生事業においても住民参加がごく普通のこととなっています。

議論好きでこだわりのあるドイツ人たちは、住民一人ひとりが自分たちのまちに一言持っていて、まちづくりのための会議の告知をすれば自然と人は集まります。昔からある街区では、とくに住民のまちに対する意識の高さがうかがえます。

そんな意識の高さは一日でなされたものではありません。自分たちの家やまちに寄せる思いを、子どもの頃から感じ育ってきたからであって、社会に対する参加というものが日常になっているからではないでしょうか。そして、古いものと共生することに慣れ親しんできた人々は、まちをつくり替えるのではなく、再生する術をなんらかの形ですでに持っているのかもしれません。

団地再生においては、まずこの住民の関心を高めることに力が注がれます。行政や事業主は、模型や図面を用いて、再生計画の説明会を何回も行います。また、その計画における一部住戸の再生の一例を、住民たちに実寸のショールームとして団地内に設置します。実際にそこに住んでいる住民との対話を重視し、住民たちとともにまちづくりを進めるのです。

こういった交流が欠けていると住民のまちへの意識は薄れ、与えられた環境にただ適応していくだけのお仕着せのまちづくりになってしまいます。行政が手を加えて団地の建物やその周辺施設を改善しても、住民たちの協力がなければそのよくなった環境を維持していくことはおそらく難しいでしょう。彼らに自分たちのまちへの愛着心を持ってもらい、その環境を大事にしてもらわなければ、まちはほんとうの意味で変わることができないでしょう。

ドイツ・ライネフェルデ市のラインハルト市長はいいます。「再生した住宅のベランダに花が増えていくのがうれしい」と。この住民の行為は自らの住宅への愛着心の表れであり、まちとその環境への寄与であるからなのです。

「再生した住宅のベランダに花が増えていく」ライネフェルデの団地

成熟社会のライフスタイルと住まいの選択

コレクティブハウジングの勧め

「コレクティブハウジング」が注目を集めはじめている。共有スペースを持ちながらも個人の自由を尊重し、集まって暮らす居住形態である。この項では、なぜ今「コレクティブハウジング」が求められているのかを考えてみたい。

日本女子大学 家政学部住居学科 教授
小谷部育子

こやべ・いくこ
東京生まれ。株式会社第一工房で建築設計監理業務に19年間携わる。1997年より日本女子大学家政学部住居学科教授

多彩な住宅情報

プランが自由設計のマンション、賃貸のデザイナーズマンション、極小面積でも工夫に満ちた空間デザインの戸建て住宅、眺望と利便性が売り物の超高層住宅など、ライフスタイルやファッション嗜《し》好に合わせた住まい情報が多彩に住宅市場を彩っています。また、バリアフリー住宅、100年住宅、省エネ住宅、健康住宅などなど。住宅を取得したり計画するに当たって、高齢期の生活や健康、耐震性・耐久性などを考慮することは当然のこととなってきています。

よりよく住み続けるためにリフォームに対する関心も高く、ようやくスクラップ・アンド・ビルドの時代からストックの時代に、そして安心安全でかつ私らしい暮らしの舞台としての住空間への多様なニーズが表出してきたといえます。しかし一方、商品としての住宅や私的生活の表現としての住宅の集合がつくりだす身近なまちの環境や都市のトータルな住環境は、果たして時代とともに豊かに美しく、快適になってきたのでしょうか。

nLDKといわれるファミリータイプあるいはワンルームタイプ、戸建住宅か集合住宅、賃貸住宅か分譲マンション、というような個々の住宅タイプや所有形式、また個々の住宅デザインや性能では評価できない集住環境のあり方に対する生活者の視点が求められています。

閉じた住宅の集合が不安なまちをつくる

空き巣や窃盗事件、一人暮らしの高齢者を狙った悪徳商法や振り込め詐欺、さらには、不登校や引きこもり、育児ノイローゼ、残虐な犯罪の低年齢化など、住宅内や住宅地での事件・犯罪のニュースが後を絶ちません。個々の住宅はセキュリティー対策が重要となり、鉄の扉やシャッター、警備会社委託などでますます硬く閉じて防衛し、まちの安全は自警団や警察に頼るということになります。このような傾向は何を意味するのでしょうか。

住宅の性能、利便性、デザイン性、自由プランなどを追求し実現したとしても、子どもが伸び伸びと育ち、安心と安らぎのある日常の暮らしの場にはならないということです。空間と人間関係においてコミュニケーション不在の住環境が非行や犯罪の温床となり、不安と閉塞感を募らせ、ますます住宅を閉鎖的で重装備の消費の場としているのだといえます。

また、快適な室内環境をつくりだすために、建物の高断熱高気密仕様がよいことは否定できませんが、概して温暖で四季に恵まれた国土の自然環境が与えてくれる、風、水、光、緑の恩恵を私たちは忘れがちです。高温多湿の夏も、緑と土のある風通しのよい緑陰や、風道のある奥行きの深い空間の気持ちよさは誰でも知っているのですが、現在の都市的環境のなかでわが家だけではどうすることもできません。自然との応答関係がない閉鎖的な住宅の集合が、都市の外部環境を不快な無味乾燥なものにし、結果として人間関係の希薄な住環境を生み出してしまっています。

阪神・淡路大震災から11年、２００４年秋の新潟県中越地震、そして２００５年3月の福岡県西方沖地震は、日本のどこでもいつでも大地震が起きる可能性があるのだという認識を改めて私たちに突きつけました。防災まちづくり対策として、壊れない燃えない住宅とライフラインの整備、そして行政による危機管理システムの構築はもちろん重要です。しかし私たちは、災害を少なくし、人命の救助活動や被災者の生活復興の過程に当たって、いかに日常的なコミュニティの力が重要であるかを学びました。

つまり、子どもにとって、働く親たちにとって、高齢者にとって、住まいやまちの住環境が、ほんとうに安全で健康的で、刺激に満ち、美しさと安らぎのある、そして愛着のある暮らしの場といえるのか、私たちの暮らし方や住宅のつくり方を再考してみる必要があるということがわかります。

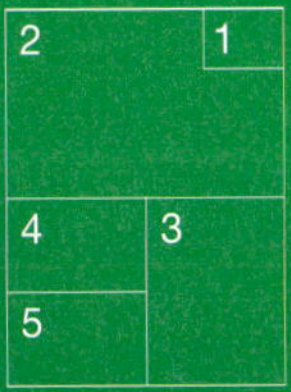

1. 築60年、平行配置2棟の旧高齢者住宅をコレクティブハウスに再生。2棟をつないだコモンハウス外観(ストックホルム)
2. 写真1のコモンハウス内のダイニングルーム、月～金の夕食を自主運営
3. 40歳以上の熟年コレクティブハウス(ストックホルム)
4. 各住戸は台所、浴室など、住宅として完備していることが条件
5. 写真3のコレクティブハウスのコモンキッチン。月～金の夕食を自主運営

血縁・地縁から「値縁」の住コミュニティへ

現代の都市化社会、情報社会においては伝統的な血縁や自然発生的な地縁のコミュニティの復活はもはや期待できません。代わって個人は仕事コミュニティ、友人コミュニティ、趣味や種々の活動のコミュニティ、ネットコミュニティなど、居住地外で、あるいは時間空間に縛られない情報網上で自由なコミュニティを形成し、仕事をしたり遊んだり自己実現を目指すことができます。ネットワーク社会ともいわれます。

しかし、子どもを育て、子どもが育ち、安らぎ癒され、明日への活力を養う生きる拠点はいつの時代も私の住まいであり、一人でも、年をとっても守られるだけでなく必要とされる存在でありたいと誰もが思います。私たちは人生のどのようなステージにおいても、このような尊厳と帰属意識の持てる住まいの空間と人間関係のあるコミュニティ環境（住コミュニティ）を必要としています。そして、核家族化が進み、一人暮らしや夫婦だけの世帯が多くなり、共働き世帯が一般化するにつれ、たとえ住宅内をどのように装備し暮らしを工夫したとしても、いわゆる家族や住宅の既成概念に固執しているかぎり、どうも豊かな住生活のイメージは見えてきません。

コーポラティブ住宅やコレクティブハウジングが注目されるのは、従来の一家族、一世帯での問題解決や豊かさの達成の限界に気づき、生活者自身の内発的な動機による集合的な取り組みが、より自分らしい、より豊かな暮らしを可能にする、ということが認識されるようになったと考えることができます。「人と人」、「人と環境」のアクティブな関係がある住コミュニティにおける、個人が生活する質にとっての価値の認識です。

今、コレクティブハウジングを！

「真の豊かさとは何か？　もっとリラックスした自分自身の時間と空間を持ちたい。仕事には生きがいを感じるが、子どもや家族との生活も大切にしたい。省エネ、親自然、心とからだの健康、よりよい子育て環境、男女ともに生活者、家庭での料理や手仕事など生活文化の復権、税金による福祉の内容と必要性は選択的であるべきだ」などなど。

１９７０年代に高福祉国家といわれるスウェーデンやデンマークなど北欧を中心に、このような居住思想を実践する居住運動を通して現在の集住の一選択肢となったのがコレクティブハウジングという住まいと暮らしの形です。１９８０年代の終わりからは北米でもコウハウジングと呼ばれ、取り組みが広がりを見せています。国によって呼び方も違うし異なる制度的、文化的背景のなかで、共生型集住として多様な展開を見せている現代的な暮らしと住まいの一選択ということができます。

暮らしを既成の住宅に合わせるのではなく、生き方や暮らし方に合わせてつくる、あるいは選び育てるのだと考えると、自分自身の空間や他人との主体的で持続的かかわりが欠かせないことがわかります。そしてまた、一人や二人、あるいは小さな血縁家族の枠を超えての住環境づくりの必要性が見えてきます。より自分らしく生きるために、そして次世代の子どもが育つ環境として、人間力と地域力を育てる、コレクティブハウジングを今! あなたも取り組んでみませんか。

団地再生とコレクティブハウジング

建物や設備の老朽化、不十分な断熱や遮音性能、耐震性の問題、バリアフリー対応、そして画一的なプランや住宅規模に対する現代的住ニーズとのミスマッチによる社会的陳腐化などなど。再生を必要とする団地の現状です。一方、豊かなオープンスペースやすっかり成熟した緑、子育てを分かち合い、団地の歴史をともに築いてきた親密な人間関係、そして住み続けたい元気な高齢者や団地を故郷とする若者の存在など。これらは団地ならではのプラスの環境特性として再生の原動力ということができます。

本項で紹介するコレクティブハウジングは、共住・共生・共創の価値を共有する生活者のライフスタイルであり、その実践の舞台である住まいの形です。集まって住むことの文化を培ってきた団地にこそ、成熟社会における新しい暮らしと住まい「コレクティブハウジング」発信の潜在エネルギーがあるに違いありません。

(写真上)築150年の館をリフォームしたコモンハウスのミシン室(ヴァイレ、デンマーク)(写真下)保育園が組み込まれたコレクティブハウスは子ども天国(ストックホルム)

エコロジカルな住宅改修と省エネライフ

自宅で実践するサスティナブルな生活

大阪ガス株式会社 エネルギー・文化研究所 研究主幹
濱 惠介

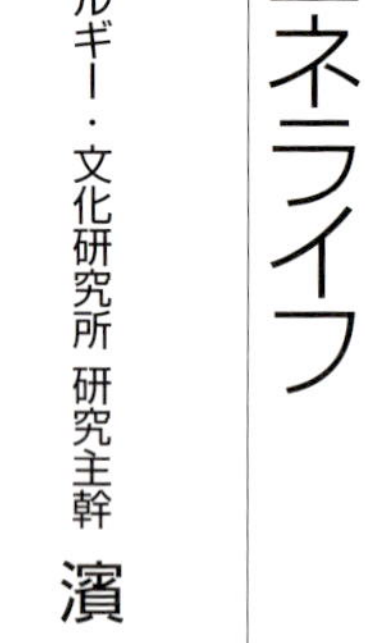

はま・けいすけ
大阪大学大学院客員教授。住宅・都市整備公団を経て１９９８年より現職。研究分野はエコロジカルな居住環境

省エネルギーの取り組みとして、太陽光・熱の利用や屋上緑化などさまざまな技術が存在する。ここでは、築27年の古い建物にそれらの技術を集結し、再生に成功したエコ住宅を紹介しよう。

エネルギー消費の責任

われわれが享受している豊かな暮らしは、資源やエネルギーの大量消費のうえに成り立っています。深刻化する地球温暖化などの環境問題は、資源・エネルギーの大量消費が主因といえます。住宅・生活もその責任を負っているわけですが、どうすればこの難題を解決できるでしょうか。

ここに紹介するのは、このような問題意識に根ざした私自身の住宅づくりと暮らし方です。１９９９年、奈良で築27年の鉄筋コンクリート住宅を購入し、省エネ・エコ住宅へ改修・再生しました。集合住宅でも実現可能な考えや手法が含まれるのでご参考にしてください。

今ある住宅を長持ちさせる

住宅の新築・建て替えは資源の消費と廃棄物の発生に直結します。建物の資源量（重さ）は、鉄筋コンクリート造（以下ＲＣ）集合住宅ならば専用床面積当たり2トンもあります。戸当たり80㎡でも１５０トンはあるでしょう。日常生活から出るごみは戸当たり年間０・５〜０・８トンですから、もし取り壊したら１５０年分以上の重さに相当する廃棄物が一気に発生します。

3	1
	2

1.（写真1）エコ改修前の状態
2.（写真2）エコ改修と屋上テラス整備後の様子
3.（写真3）外断熱およびサッシ二重化工事

安易に建て替えに走らず、今住んでいる住宅をできるだけ長持ちさせることが、環境への負荷を減らす第一歩です。我慢し続けるのではなく、より住みやすく、省エネ性を改善しながら使い続けることです。この家もそのような考えで改修しました（写真1、2）。

断熱による省エネルギー

まず、暖房エネルギーを減らすため、屋根と外壁の断熱を強化しました。壁に採用したのは外側から断熱する「外断熱」で、これによって日射や外気温の躯体への影響が減り室温が安定します。とくにRCのように熱容量のある構造に有効です。

窓は熱がもっとも逃げやすい場所なので、3種類の方法で二重化しました。第1の方法は、高気密・高断熱の木製サッシの新設。第2の方法は、もう一枚サッシを外側に追加（写真3）。第3の方法は、今あるサッシのガラスを複層化、というものです。

断熱性の改善は寒さとともに結露を防ぎ、快適性と健康性を高めることになります。

外断熱は夏の室内環境にも有益です。窓は夕方から朝にかけて開け放ち夜の冷気で躯体を冷やし、昼間は外の熱気を入れないよう窓を閉めます。最高室温はおおむね28℃にとどまり、扇風機で十分涼しいです。

再生可能エネルギーの活用

化石燃料や核燃料と異なり、太陽光（熱）や風力、バイオマス（生物資源）などの再生可能エネルギーは、無尽蔵で、利用による環境汚染もはるかに少ないエネルギー源です。これらのなかから住宅で導入が容易な太陽光発電と太陽熱給湯の設備、それに薪ストーブを設けました。

①太陽光発電…屋根にのせた太陽電池モジュール（パネル）が、発生した電気をインバーターで交流に変え、普通の電気と同じように使います。余った分は配電線に送り返し電力会社に売り、太陽光が弱いときや夜間は通常どおり買います。最大発電能力は2・67kWで小さめですが、年間の発電量は消費量を上回ります（図1）。

②太陽熱給湯…集熱装置が貯湯槽を兼ねる真空管式の温水器を屋根にのせました。四季を通じて有効で、不足な分は都市ガスで補いますが、夏にはほとんど太陽熱だけで足ります。熱量計というメーターで計測した結果、年間の給湯熱量の3分の2以上を太陽が暖めていることがわかりました（図2）。

③薪ストーブ…ストーブで薪を焚くことは、わが家の冬の楽しみです。たんに暖を取るだけではなく、炎の色やゆらぎを見るのがすばらしいです。薪の燃焼による二酸化炭素放出は、倒木の腐敗と同じく自然の循環の一部で温室効果ガスとは見なされません。使っている薪は、無駄に焼却されている建築端材や樹木の選定枝なので、廃棄物の減量にも役立っているはずです。残った灰を植え込みや畑に撒きます。

土と緑を身近に

2階の屋上には土と緑を導入しました。殺風景だった屋上テラスにウッドデッキを敷き、周辺に植栽用の木製コンテナを設けました。潅木、草花、それに野菜などを植えています。散水には雨水タンクの水が役立ちます（写真4）。台所から出る生ごみはできるだけ堆肥化し、植え込みで消化します。テーブルやベンチなどの屋外の家具はほとんど手づくり。季節感や自然の営みを身近に感じられる戸外リビングとなりました。

環境意識の高まり

この住宅に暮らして6年、住むこと自体が楽しく、環境や

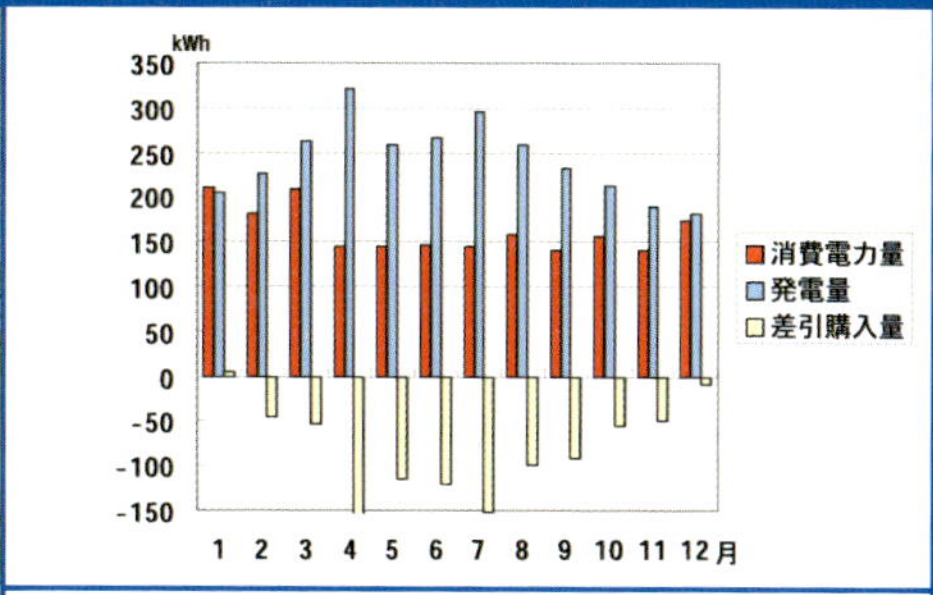

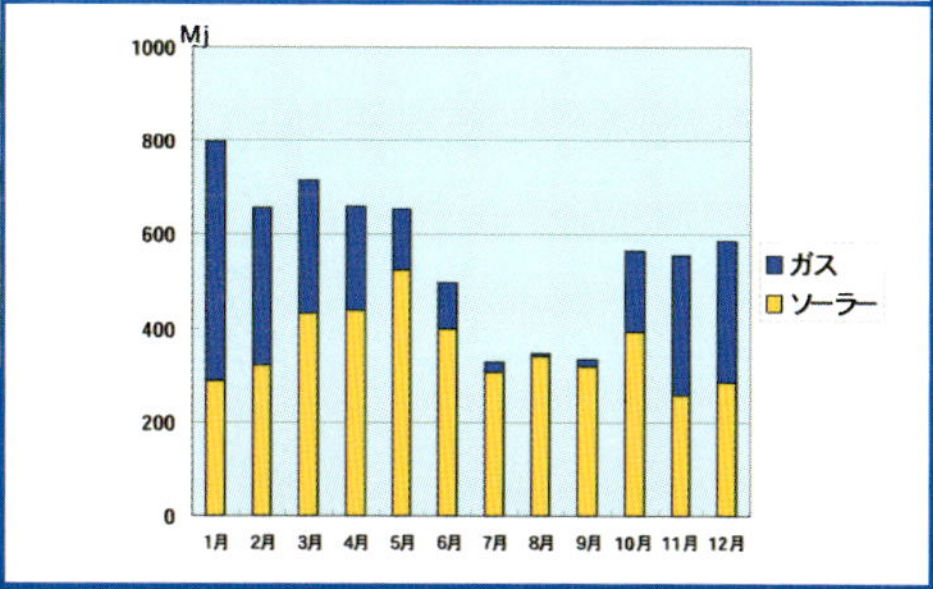

1. (図1) 太陽光発電と使用状況 (2004年)
2. (図2) 給湯における太陽熱の寄与量 (2003年)
3. (写真4) 雨水貯留タンク200リットル

エネルギーに対する家族の意識がより高まったことを感じています。

太陽が暖めた湯で風呂に入ると、自然の恵みに感謝したくなります。また自然のリズムに生活を合わせることも爽やかに感じられます。

太陽光発電の余剰分は、電灯料金と同じ単価で売れます。「せっかく売れるものを浪費できない」と、無駄をなくす総点検をしました。スイッチ付コンセントで待機電力をカットしたり、電気器具を省エネ型に置き換えたりした結果、月平均の電力消費量は180kWh程度になりました。平均発電量の約75%です。

水道の消費についても、雨水や風呂の残り湯で済むことに上水を使うのはもったいないと無駄使いに気をつけているので、1か月平均の消費量は約12㎥と平均的な3人世帯の3分の2程度です。

温暖化防止にも貢献

これらエネルギー消費を地球温暖化防止と関係づけて、最近1年間の実績を二酸化炭素排出量に換算してみました。太陽光発電量は、発電所での排出を減らしたとしてマイナスで算入します。

二酸化炭素の排出量は、電力を全電源平均で計算した場合で世帯平均の約6分の1に、火力平均で評価すれば約15分の1にまで削減されたといえます。投資も必要ですが、いろいろ工夫をすれば、気持ちよく暮らして温暖化防止への積極的協力ができることを示していると思います。

季節を楽しむ

住まいの快適性に「まったく寒くも暑くもない」という条件は必要ありません。人間は自然の一部ですから、ある程度の気温変化のなかでこそ肉体的・精神的な健康が保たれるはずです。

とはいいながら、断熱性が低いまま快適性を求めると、エネルギーを無駄に消費してしまいます。我慢せずに暑さ寒さをしのげる水準の建築が必要で、それに加えて住み手の意識も大切です。ほどほどの快適性で満足する心構えと、四季折々の特徴や移り変わりを楽しむ心のゆとりが必要といえるでしょう。

住宅は季節や時間に応じて開放性と閉鎖性を使い分けます。建具の開け閉め、ヨシズやスダレの利用、場合によっては生活空間の移動など、さまざまな暮らしの工夫が、快適・健康ばかりでなく心の豊かさをもたらすように思われます。

環境の世紀へ

「21世紀は環境の世紀」といわれます。その意味は「地球環境を守れないかぎり、人類文明最後の世紀」と理解すべきでしょう。破綻を避け、健全な社会が持続するには、生産・消費・廃棄の一方通行から、よいものを使い続ける「ストック型」であると同時に「再生・循環型」の社会づくりを目指すしか道はありません。

この目標に向かって、市民一人ひとりが自分の判断と費用負担で貢献できる場、それが住宅と日常生活です。質の高い住宅を改善しつつ大切に使い続け、環境への負荷とリスクの少ないエネルギーで、自然の恵みに感謝しつつ心豊かに暮らす。これからの社会に求められる住生活は、このようなものではないでしょうか。

第3章

安全に暮らせる団地をつくる

団地における「安全」とは、建物の強度に関するものと、治安が挙げられる。とくに治安については、日本でも団地やマンションで発生する犯罪が増えている。ヨーロッパではかつて犯罪の温床となってしまった団地が少なくないが、人目の届かない空中廊下を遮断する、高層棟を取り壊すといった手法で治安を回復した。既存のコミュニティを守り、安全に暮らせる団地とするためにはスクラップ・アンド・ビルドではないやり方が求められている。

老朽化と荒廃の原因は「画一設計」

沖縄の団地の現状と再生にむけて①

日本最南端の県・沖縄。海に面した特有の環境ゆえに、他の地域に比べ、建物の老朽化・荒廃化が進みやすい。ここでは、沖縄の団地の現状を振り返り、またそうなった原因について探ってみよう。

チーム・ドリーム　福村俊治

ふくむら・しゅんじ
1953年滋賀県生まれ。関西大学建築学科大学院卒業。原広司＋アトリエφ勤務後、沖縄にて活動。戸建住宅のほか、沖縄県平和祈念資料館などに携わる

再生という建て替え計画

現在、沖縄でも「団地再生」の問題が大きな社会問題となっています。しかし、沖縄での「団地再生」とは、「団地建て替え」を意味します。

本書では、新しいまちと建物づくりの視点をもって、団地の建物と環境を改善し再生したヨーロッパの参考例や手法が紹介されています。しかし、残念ながら現在の沖縄では、半永久的にもつはずの鉄筋コンクリート造りの団地の建物が、たった20～30年でひどく老朽化し、建て替えざるをえない状況で、団地再生の事情が異なります。

また、団地の建物だけではなく、一戸建て住宅をはじめ、学校や庁舎などの公共施設なども同様で、危険を理由に全面建て替えが増えています。そのうえ、現在の沖縄には未解決の住宅問題、都市問題、環境問題のほか、米軍基地の問題まで抱え、厳しい状況が続いているのです。

団地の概要と現状

私たちが数年間取り組んだ「団地再生」いや、「団地全面建て替え」のプロジェクトを紹介します。

県庁所在地・那覇市に隣接する豊見城市の南東に位置し、

団地の全景

1968〜1976年の間に住宅供給公社によって建設された鉄筋コンクリート構造4階建て52棟1200余戸。そして、1976年に建設された県営住宅100戸の合計1300余戸。約4500人の住む、敷地約23haの大規模団地です。那覇市中心地より約7kmと利便性のよい高台に位置し、広いオープンスペースのほか、小学校、幼稚園、二つの保育園、郵便局、駐在所、自治会館などの公共施設が整い、近くには商店街や大きなスーパーマーケットもあります。団地は、高度経済成長期の日本の住宅公団が建設した大規模団地とほぼ同じ住棟配置と住戸プランです。

団地の諸問題

しかし、建設20年を経て塩害によるコンクリートの劣化がひどくなり、外壁のクラックやバルコニーや階段スラブのコンクリート片の剥離、ときには室内スラブからコンクリート片の剥離などが頻繁に起きました。幸いこれまでコンクリート片落下による人身事故は起きていませんが、ある住戸でこんな話を聞きました。お盆の夜、多くの人が集まった次の朝、座っていた座布団の上に大きなコンクリート片が落ちていたといいます。そのほか、住戸の雨漏れ、排水パイプのつまり、内壁の老朽化などのトラブルも多いようです。また、団地周辺道路や空き地での家庭ごみや自動車の不法投棄のほか、雑草の草刈、樹木の管理、遊具の破損、建物への落書きなど、目を覆いたくなる光景ばかりです。

また、団地建設当時は、自家用車の所有率も低かったのですが、いまや1戸当たり1・６台と増え、住民の希望によって住棟間の中庭はすべてアスファルト敷きの駐車場に変わりました。そして、ときには、あふれた車が歩道上に駐車することも多く、老人や子どもにとって危険な状態となりつつあるのです。

コンクリート劣化と荒廃の理由

なぜ、この団地の建物はこんなに早く老朽化し、荒れ果てたのでしょうか。

建物そのもののコンクリートの劣化に関しては第一に、建設時の資材の品質管理が十分でなかったため、コンクリートに使われた海砂の塩分が鉄筋の錆びる原因となりました。

第二に、建設後のメンテナンスがほとんどなかったため、コンクリートの劣化やそのほかの老朽化を食い止められなかったことです。コンクリートはそもそも体積の5分の1は空洞であり、島国である沖縄では台風時に海水を含む雨が降ったり、日常の潮風や厳しい日差しなどによって水分や空気がコンクリートの奥深くまで浸入し中性化が進み、鉄筋が錆びるのです。水と空気の浸入を防ぐために、タイル張りか、しっかりした塗装をやっておけば、こんなに早く劣化しなかったでしょう。現に、この団地よりも古い１９５０〜１９６０年頃に建設された米軍基地内の建物は、内外とも数年ごとに塗装し、十分な維持管理がされているため、今でもしっかり建っています。

そして、ごみや自動車の不法投棄、落書きや不法駐車などは、たんに「住民のモラル欠如」なのでしょうか。

団地家賃と共益費

この団地は約30年前に50〜70年の資金返済計画で土地を購入し、建物が建設されました。家賃は建設年度によって異なりますが２ＤＫ（約42㎡）1万４９００〜1万９０００円、３ＤＫ（約47㎡）約2万７０００円、共益費は１１００円、駐車料金３０００円と格安です。

家賃は建設のための借入金の返済に充てられ、この25年間変わっていません。共益費が建物の修繕費と草刈費と外灯電気代などに充てられていますが、この額では建物の老朽化を防ぐ維持管理はとうてい無理です。一時的な団地住まいの住民にとって、家賃と共益費は安いに越したことはありません。

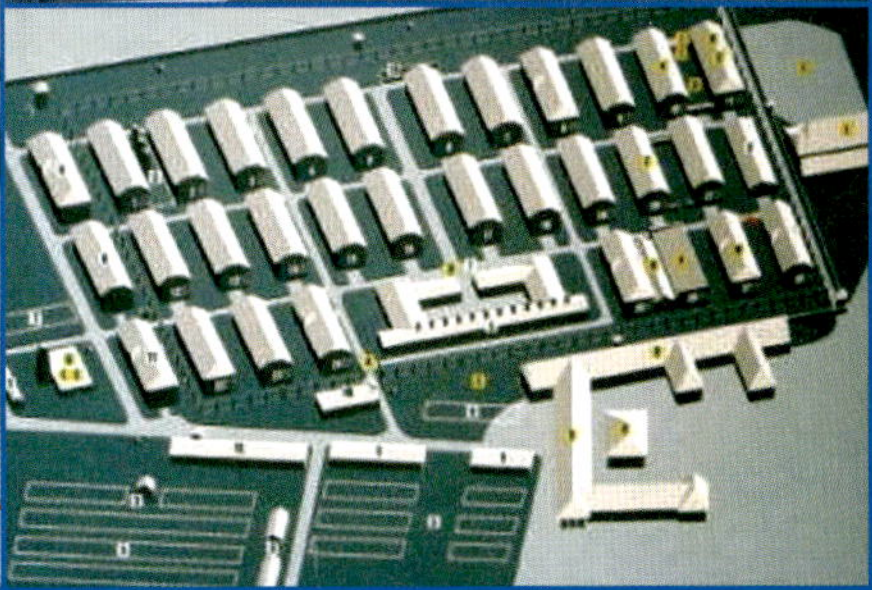

2	1
4	3
6	5
	7

1. 老朽化した住棟の外観
2. 住戸内のコンクリート片の剥離
3. ごみの放置
4. 車の放置
5. 住棟間の駐車場
6. 歩道に駐車する自動車
7. アウシュビッツ収容所の配置図

反発を恐れて公社は値上げをしませんでしたし、費用がないことを理由に十分な補修と維持管理もしてきませんでした。

この悪循環の結果、今、老朽化も限界に達しています。公社は残る借入金の返済と、住民は建て替えによる高家賃負担を迫られています。団地自治会や住民からは、家主である住宅公社へ雑多なクレームの連絡が入りますが、公社は当座の補修や対応をするばかりで、最近は近い将来の建て替えを理由に両者とも修繕・改修にあきらめムードが漂います。

スクラップ・アンド・ビルド

この団地建て替えに際し、現場調査や住民意向調査をし、住民・公社のかたがたとさまざまな話し合いを持ちましたが、こんなに早く老朽化し、荒れ果てたことに対する原因を探求したり、反省する言葉がどこからも聞こませんせん。「古くなり危険だから家主（公社）が建て替えるのは当然で、建て替え後の家賃はできるだけ安く……」ばかりです。

ほかに建て替えられた公的住宅を見ると1戸当たりの面積が大きくなり、より高層となるだけで、耐久性の改善や住棟配置計画の工夫などはあまり見られません。

住民、役所、設計者とも、建て替えに伴う次の新しい団地計画や建物設計に対し新しいビジョンがないまま、補助金行政の事業として、事務的に建て替えが進みます。今後も「スクラップ・アンド・ビルド」が続いていくのでしょうか。

団地の原型は収容所か

私は団地の老朽化と荒廃化は、コンクリートの劣化とメンテナンスの悪さ、そして、住民のモラルの問題だけではなく、もっと重大な原因があるように思います。

なぜなら、ヨーロッパの主要な都市に建つ公共施設や集合住宅などの建物は社会資本として昔から綿々として建設され、整備され、多くの市民が美しいまちなみや都市美のなかで暮らしています。戦後60年経ち、観光立県の沖縄に、沖縄らしい美しいまちなみや団地はできたのでしょうか。そして、沖縄以外の日本の都市に歴史を感じるまちなみの美しい都市は戦後生まれたのでしょうか。

私の恩師が昔、ポーランドのアウシュビッツを訪れ、その収容所の建物配置が初期の住宅団地の配置とそっくりだったことに驚いたといいます。団地の原型は、収容所だったのかもしれません。

地方文化に配慮した設計とは

沖縄の団地の現状と再生にむけて②

前項では、沖縄の建物の老朽化と荒廃の原因を探った。
では、その打開策として行うべき団地再生とは、どのような策なのか。
団地がまちづくりの拠点となるような建て替え計画を紹介する。

チーム・ドリーム　福村俊治

標準設計の団地計画

前項で「団地の原型は収容所か」と書きました。日本の初期の団地の多くはアウシュビッツの収容所と同じく、住棟が平行配置に並びます。これは経済性と機能性一辺倒の建築計画からきています。具体的には、どの住戸も平等に冬場の日照が当たり、より多くの住戸が効率よく配置できるかが最優先されたことによるのです。住戸プランもD・Kタイプが基本であるがゆえ画一的で、地域の気候風土や伝統文化や住み手の意向さえ反映されず、ほぼ全国どこでも同じものが「標準設計」の名のもとで建設されたのです。

一方、完成後に入居する住み手の多くも将来は庭付一戸建てを希望し、団地住まいは「仮住まい」という認識が強いため、団地でのコミュニティ活動や維持管理の関心が希薄でした。そもそもこのような標準設計の団地生活では、地域住民としての誇りも新たな文化・創造活動も生まれにくいのです。これらの団地は、戦後日本の高度経済成長期の都市人口集中に対する住民の受け入れの「収容所」であったのでしょう。しかし、日本にもかつてすばらしい集合住宅や団地が建設されたことがあったことを忘れてはなりません。

同潤会の団地

関東大震災後に建設された財団法人同潤会の集合住宅や団地は、大震災の教訓から、壊れにくく燃えにくい鉄筋コンクリート造りを採用し、水洗トイレや自家水道施設などの設備のほか、社会生活を重視して住民が協同して使用する娯楽室や食堂、児童公園や公衆浴場などを設けるなどさまざまな工夫や試みがなされました。そのため、住棟配置や住戸プランも敷地に合わせ多種多様で、建物そのものにも風格がありました。

しかし、戦後この団地づくりのノウハウは継承されることなく、標準設計の住棟住戸の大量供給に追われてしまったのです。この十数年に同潤会の建物の大半が老朽化のため取り壊されました。なかでも表参道や代官山のものが有名でした。

ドイツの団地の実状

ヨーロッパにはすばらしい団地や建物が多く点在しています。とくに両世界大戦間、深刻な住宅不足の都市では、社会民主主義やユートピア的考えによって新しい都市や大規模な住宅団地づくりが公共主体で試みられました。

ベルリンでは企画計画者と設計者と住民による協同組合が中心になり、既存の地域のコミュニティの状況を踏まえたうえ、新しいコミュニティのあり方を求め、現代都市が抱える都市問題の解決策としての団地づくりが取り組まれました。建築家ブルーノ・タウト（1880～1938）によって設計された団地「ブリッツ・ジードルンク」（1925～1930）は豊かな緑地と風格のある住棟が並ぶ1200戸の団地で、美しくカラーリングされた斬新な住棟でありました。庭や住戸のベランダにはいつも花が咲き、建設されて75年以上経つ古い団地とは思えません。今も入居を希望する人が絶えないと聞きます。地域に根ざし、住民とともに計画され建設された団地は手入れもゆきとどき、住民のコミュニティ意識もしっかりしているのです。

それと対照的なのは第二次世界大戦後に建設された東欧の7000万戸のパネル工法でつくられた団地です。これらは標準・規格化され大量に建設されました。住棟・住戸の老朽化と、団地全体が荒廃しているため、再生が急がれ大きな社会問題になっています。

また、ドイツで興味深い話を聞きました。ある地域で新しい公営住宅を建設する際、まず入居者を募集します。そして次にその入居者と役所と設計者が話し合いながら計画と設計を進め、建設します。建物は当然公的なものなので、住民のすべての希望がかなうことはありませんが、ある程度取り入

2	1
4	3
5	

1. 同潤会代官山アパート
2. ブリッツ・ジードルンク全景
3. 馬蹄型の住棟と中庭
4. 住棟のベランダの花
5. 豊見城団地建て替え計画の初期の完成模型

れられるらしいのです。完成時にはすでに入居者同士も顔見知りで、しかも自分たちの建物であるという意識も強く、維持管理の面でしっかりするといいます。ここからも、計画や建設時の住民参加が、極めて重要なことがわかります。

沖縄の実状

今、日本中で独自の住宅スタイルを持つところは、北海道と沖縄だけです。そして、かつて日本の各地には、気候風土や建築資材や建築技術の異なる民家があり、その地域特有のまちなみや景観がありました。しかし、その民家が失われ、全国共通のプレハブが増え、全国画一のまちなみや景観となってしまいました。

沖縄は亜熱帯気候で、年平均気温23℃、年中温暖で心地よい海風が吹く島嶼《とうしょ》地域です。しかし、年に何度か暴風雨を伴う台風がやってきます。そのため、ほとんどの住宅が台風やシロアリに強い鉄筋コンクリート造りであり、涼しく暮らすために吹き抜けをとったり、大きな庇《ひさし》や屋根のかかった半戸外スペースを持つリゾートホテルのような中庭や、テラスを持つ住宅が要望されます。そして、沖縄では小住宅でも一軒一軒設計事務所が設計するのが普通で、設計と施工が分離されています。施主は設計者に要望を伝え設計を進め、設計事務所の監理のもとで建設されます。

沖縄で住宅は、たんに「機能的な住む箱」なのではなく、「夢が盛り込まれた空間であり環境」なのです。沖縄は他県と比べ住意識のレベルが高いのですが、残念ながら補助金システムのなかでの公的住宅建設になると、とたんに標準設計に近い集合住宅が建設されます。担当者に「なぜ沖縄仕様ではだめなのか」と問うても、「他府県に類似物件がないから」とか「不平等だから」などと意味不明の返答が返ってくるのが実状です。

公的住宅の質の重要性

まちづくりの視点からすれば、集合住宅の基準となる公営住宅の質的レベルが上がらないかぎり、民間のアパートやマンションの質が上がらないと私は考えます。安く快適な公営住宅を供給すれば、民間の質はよりよくなるはずです。決して民間圧迫とはならず、むしろいい意味での行政指導となるはずです。そして「安く快適な住棟や住戸」を費用かけることなく実現できるはずなのです。

これは住民協力のもとでの計画や設計の立て方次第となるでしょう。現在のように、計画者や設計者を入札制度で決定し、住民参加もないまま計画や設計される現行の制度のもとではいい団地やまちは生まれません。

取り組んだ団地建て替え計画

私たちがかかわったのは、老朽化した約1200戸の豊見城団地の建て替え計画で、既存のコミュニティを守りながら、団地が地域の核となり、新しいまちづくりの拠点を目指しました。

中央に広い地域の公園や小学校・幼稚園・保育園・図書館・店舗をはじめ、小規模なオフィスを、そして住棟は高層・中層・低層と地形や景観を考慮し配置しました。そして、100戸単位の身近なコミュニティのための中庭やピロティ、ミニ集会所をもつ住棟配置。雨が多く日差しが強い沖縄の気候に合わせ、安全に各住棟や施設を結ぶ空中歩廊。住戸タイプも多様で、広いテラスを持つもの、吹き抜けを持つメゾネットタイプ、アイランドキッチンタイプのものなど家族構成や変化に合わせて転居可能なものとしています。

また塩害やコンクリートの劣化を考え、外壁は総タイル貼りとするなど、耐久性に関しては特別な配慮がされています。採算性にも十分に考慮し、中央部分の緑地の都市公園化による土地売却や本土からの移住者向けの分譲住戸などもあります。現在の居住者にできるだけ負担がかからないような建て替え計画が練られました。その間、住民とのワークショップが何度も開かれ、住民の意向も十分反映されたものがつくられました。

その後、初年の2棟の実施設計が終わり着工寸前。住宅供給公社の経営不振を理由にこれらの計画はすべて白紙に戻ってしまいました。そして、今。県と市によって標準設計に近い建物が建設されはじめています……。

沖縄の住宅のテラスとパティオ

人とのつながりの回復が団地を救う

トゥールーズ・ル・ミライユとバイルマミーアの団地再生

地域デザイン研究所 代表取締役 永松 栄

昨今、団地や集合住宅を舞台とした犯罪が頻発している。なぜ団地でそのようなことが起こるのか。これは、計画・設計の欠陥によるものとの見方もできる。ヨーロッパの事例から犯罪を未然に防ぐ手法を考えたい。

わが国の団地社会問題

２００３年７月に、東京・赤坂で４人の女子小学生が監禁された事件が世間を騒がせました。マスコミは大人と子ども の危ない関係についてのコメントを流しました。私たち団地再生関係者にとって、この現場がマンションのなかの短期賃貸ルームで起こったことが頭に残りました。

そして１９９７年神戸で起こった、少年Ａによる連続児童殺傷事件の記憶がよみがえってきました。この連続事件のなかにハンマーによる女児殺害が含まれていましたが、これは住宅団地の死角で起こったものでした。

最近はあまり大きく報道されなくなりましたが、集合住宅を狙った新手の空き巣泥棒事件が２００２年あたりに数多く報道されていました。このようなことを振り返ると、わが国の住宅団地にも犯罪に関する問題が忍び寄ってきていることがわかります。

治安維持のためのまちの破壊

１９７０年代の欧米では、犯罪と蛮行がすでに大きな団地の問題になっていました。テロの標的となったニューヨークＷＴＣビルの設計者として著名な日系アメリカ人建築家ミノル・ヤマサキが設計したセントルイスのプルー・イット・イゴー団地の取り壊しが「近代主義の団地は危ない」というメッセージを欧米社会に流しました。

1955年に建設された頃、学会賞をもらうなど、誰もが優れた団地だと考えていました。しかし、11階建ての集合住宅を平行に配置した団地のなかに死角が多かったことなどから、犯罪や蛮行が横行し、次第に空室が増えていきました。コミュニティが希薄になると、ますます治安が悪くなるといった負の連鎖が起こりました。1972年には手を焼いた管理当局が、この住宅団地を取り壊すに至りました。おそらく世界で最初の、治安維持の目的から実施された大規模な住宅団地の取り壊しです。

近代的住宅団地の明暗

1960年代の欧米の大規模住宅団地の計画は、二つの考え方に導かれていました。一つは、住棟をなるべく高層化することによって、全体としてオープンスペースを多く取るという立体的田園都市の発想です。もう一つは、高速道路などと関係づけながら自動車のための構造を団地のなかに持ち込み、あわせて独立した歩行者ネットワークもつくり出すというものです。

この二つが合体すると、高層の住棟が幾何学的に配置され、その足元では自動車が走りまわり、その上をまたぐ形で歩行者専用路のネットワークが築かれるといったイメージになります。陽の光を享受し、自動車に対応する住宅団地というわけです。日本も含め、この考えにしたがったさまざまなニュータウンと呼ばれる大規模住宅団地が1960年代から1970年代にかけて建設されました。

高層棟を幾何学的に配置し、歩行者と自動車を目的別に分離したこのタイプの住宅団地には思いがけない欠陥がありました。住宅の集まり方から見て、コミュニティが育ちにくいことと、団地内の各所に人から見えにくい死角が存在することが原因でした。このことから、犯罪や蛮行の巣窟になるケースが後を絶たなかったのです。ヨーロッパのこの手の住宅団地が、低所得者層向けとして既成市街地から離れたところに建設されたこととも関係していました。

1980年代に入り、大量住宅供給の社会的要請が低下するとヨーロッパでこのような住宅団地は建設されなくなりました。

危ない団地の再生

荒れ放題の団地では、居住者の安全確保や犯罪の防止のために監視員が置かれたりしました。また、生活指導のための民生委員も活動しました。１９８０年代後半になると、１９６０年代建設の住宅団地を抜本的に再生していく動きが出てきました。それまでの社会活動や管理強化だけでなく建築の増改築や減築（取り壊し）による対応が始まったわけです。

フランスのトゥールーズ・ル・ミライユは、１９６０年頃から建設が始まった学園都市です。国際競技設計で建築家キャンディリスたちの案が採択され、先鋭的な立体都市が建設されました。目的別にまとめて施設が配置され、歩行者と自動車が完全に分離されました。中層階や高層階では住棟をつなぐ「空中廊下」なるものが出現しました。まさに、戦後の近代的建築の頂点を感じさせる団地建設だったわけです。

御多分に漏れず、この団地も社会的な荒廃に見舞われました。１９８０年代後半以降の団地再生の対応としては、エレベーターを増設し、エレベーターホールを単位として居住者同士のつながりを回復する工夫を行いました。また、犯罪の温床になりやすい空中廊下を遮断して、そこに行けないようにするなどの改造を行いました。個人に対する社会適合化の方策や居住者間のコミュニティ意識育成の活動などに合わせて建築的改造を行うことにより、困難な状況を乗り越えようとしているようです。

オランダのバイルマミーアというところも、１９６０年代に建設されたアムステルダム郊外の大規模な近代的住宅団地です。ここも、建物が老朽化する前にコミュニティの荒廃が起こり、犯罪と蛮行の巣窟となりました。

この団地は空から見ると高層棟が蜂の巣模様に配置された個性的な団地でした。ここでの団地再生ではトゥールーズ・ル・ミライユよりもさらに抜本的な再生を試みています。ここではある程度、高層棟を壊すことを前提に団地再生を考えています。新たな住棟ゾーンを高層棟の取り壊しにより確保して、低層の安心感のあるまちなみをつくり出しています。また、不足するエレベーターを増築しながら、長大な高層棟を切断して、適正な規模と親しみやすさを備えた住棟にしています。

これらの事例は、建築とコミュニティと社会問題に関する団地再生を示しています。冒頭に書いたとおり、わが国でもこのような団地社会問題も現実のこととして考えなければいけない時代に入ってきたのではないでしょうか。

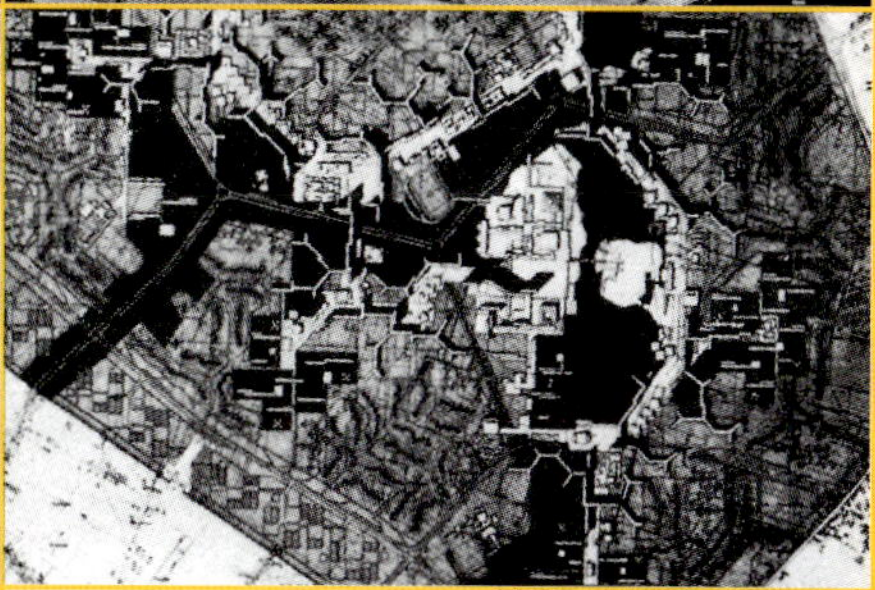

2	1
4	3
6	5
7	

1. 1972年のプルー・イット・イゴー団地のダイナマイト破壊の様子
2. 近代的集合住宅の一つのモデルとなったフランスの建築家ル・コルビュジエ設計のユニテ（マルセイユ）
3. トゥールーズ・ル・ミライユ団地の計画図
4. バイルマミーア団地の建設当時の鳥瞰写真
5. 住棟を切断して不足するエレベーターを増設し、外観を親しみやすくしたバイルマミーア団地の一部（角橋徹也氏撮影）
6. バイルマミーア団地のなかで、高層棟を取り壊して小動物が生息する池をつくったところ（角橋徹也氏撮影）
7. バイルマミーア団地のなかで、高層棟を取り壊して低層棟を建てたエリア（角橋徹也氏撮影）

ヒューマンスケールの建築で人間性回復

モーツァルト団地とヒューム団地の再生

市浦ハウジング&プランニング 代表取締役社長
佐藤健正

イギリスでは、産業革命に伴う労働者増加により、多くの団地が建設されたが、時代とともに荒廃化し、さまざまな問題を抱えるようになった。ここでは、それらを解決した団地再生術を紹介しよう。

さとう・たけまさ
１９４４年生まれ。市浦ハウジング&プランニング代表取締役社長。都市計画コンサルタント協会理事

世界に先駆けたイギリスの団地建設

18世紀に世界に先駆けて産業革命が起こったイギリスでは、19世紀には産業都市への人口集中が始まり、労働者の住宅問題が大きな社会問題となりました。社会主義運動もこうした社会変化のなかで生まれましたが、その中心人物マルクスの相棒だったエンゲルスは１８４５年に『イギリスの労働者階級の状況』という本を書き、そのなかで当時の労働者の悲惨な居住環境を記述しています。

こうしたなか、イギリスでは１８５０年代頃から慈善団体による労働者向けのモデル住宅建設の試みが始まります。この住宅建設のなかに、現在のアパート形式によく似たフラットと呼ばれる住宅タイプがつくられています。また、スラムと呼ばれる劣悪な住宅が密集する地区を一掃して、複数の住棟からなる住宅団地を建設することも行われました。

そして１８９０年代にはロンドンなどで、労働者階級のための公営住宅建設が始まり、営利的な住宅供給に対抗する社会的な住宅供給管理の先鞭をつけました。

戦後のイギリスの団地開発

第二次世界大戦で戦勝国となったイギリスは、戦後早い時

1862年に「労働者階級住宅改良首都協会」がロンドンに建設したモデル住宅

期よりニュータウン開発を含む住宅団地の開発に取り組むことができました。１９６０年代になると、都市の既成市街地の再開発が政策的に優先されるようになり、環境の悪い住宅地区や工場跡などを取り壊して、そこに高層の住宅団地を建設することが主流になります。

もともと高層住宅は居住者に評判がよくなかったのですが、１９６８年にローナンポイントでガス爆発事故が起こったことから、その後、高層住宅はほとんど建てられなくなりました。１９７０年代後半には大ロンドン行政庁（ＧＬＣ）が、「高層化、工業化、地区の全面除却による再開発などは、戦後の住宅政策の誤った判断だった」と自己批判しています。

１９７０年代以降の社会的荒廃

１９７０年代の10年間で40万人の工場労働者の職がロンドンで失われましたが、その影響は都市内部の公営住宅の居住者を直撃するものでした。１９８１年と１９８５年にロンドンをはじめとするイギリスの主要都市で、公営住宅団地の住民による暴動が発生しました。これらの暴動の原因は、失業と貧困による住民の社会的孤立だったと報告されています。公営住宅団地での身近なコミュニティの喪失が、重大な問題として取り上げられるようになりました。

こうして、イギリスでは１９８０年代に本格的な団地再生事業を政府が開始するようになります。この事業には、住宅と団地の物的環境の改善対策に加えて、貧困対策、職業訓練、住民教育などのコミュニティ再生対策が組み込まれました。

モーツァルト団地の再生

１９８５年、地理学者アリス・コールマンは、近代建築理論による住宅地計画の欠陥を指摘するレポートを発表し、「人々を最悪の状態に陥れているのは、居住者が自分の領域を感じられないような団地や、住宅の窓から屋外スペースを眺め渡すことができない団地である」と述べています。

ロンドン・ウェストミンスター区のモーツァルト団地の再生ではコールマンの考えに従い、健全な環境の維持のために、住宅と屋外空間との関係を再編することに力が入れられました。具体的には、２～３の住棟を結びつけていた空中歩廊がすべて取り払われ、各住棟に専用の階段室が設けられました。住棟間の共用庭には新しい「通り」が導入され、通り沿いに駐車場と接地階住戸のための専用庭が整備されました。また、通り抜け街路の新設のために一部の住棟が取り壊され、低層住宅に建て替えられました。こうして「通り」を中心コンセプトに置きながら、守りやすい住環境を再生しています。

ヒューム団地の再生

１９８９年にチャールズ皇太子が率いる専門家グループが誕生し、伝統的なコミュニティを再評価し、その利点を現代の都市再生と持続可能な都市の形成に活かすべきことを主張しました。具体的には以下のことを挙げています。

①高密度な歩行中心の生活圏
②多様な用途が複合したまち
③多様な居住者と住宅タイプを内包した住宅地
④自動車に頼らないコミュニティ
⑤場所の感覚や地域個性を重視したまちなみと公共空間
⑥地域コミュニティが関与する計画・運営
⑦持続可能なコミュニティの形成

マンチェスターのヒューム地区は、前述のエンゲルスの本で記述されたことのある、環境の悪い労働者住宅地でした。１９６０年代の再開発事業により、従来の伝統的な街区構成を廃止し、巨大な街区のなかに、住棟が機械的に配置されました。

この団地は周辺コミュニティから孤立し、居住者の精神的障害を引き起こしました。その後、地域産業の衰退による失業者増大から犯罪や破壊が横行し、団地の荒廃が進みました。

１９９２年に、国の支援を受けながら団地再生が開始され、

1	
3	2
4	

1. 空中歩廊が取り払われたモーツァルト団地
2. 通りに面する専用庭と1階住戸の様子
3. 1900年にロンドン行政庁（GLC）が建設したミルバンクエステート（公営住宅）
4. 各住棟に設置された専用の階段室（モーツァルト団地）

2 1

1. 団地居住者を震撼させた1968年のローナンポイントのガス爆発
2. ヒューム地区の街区構成の変遷。左から、ビクトリア朝時代に形成されたタウンハウス街区、1966～71年の再開発で生まれた街区、1990年代の団地再生による街区(出展:Urban Task Force DETR, Towards an Urban Renaissance, E & FN SPON)

1960年代の約3000戸からなる巨大街区を解体し、19世紀ビクトリア時代の「通り」を再生しています。この計画には、チャールズ皇太子率いる専門家グループの考え方が影響を与えたといわれています。

新しい住宅は、いずれも伝統的な街区構成や連続的まちなみを意識したものとなり、かつてのメインストリートも復元されました。

21世紀における持続可能な団地のあり方

駆け足で産業革命発祥の地イギリスにおける団地の歴史を振り返ってみましたが、回帰現象のようなことに気がつきます。一つは、もともと民間セクターから始まり公営住宅制度として展開していた社会的住宅を、もう一度、ハウジングアソシエーションと呼ばれる民間公益団体に移管していく動き。もう一つは、高層住宅を内包する巨大街区を普通の住宅街につくり直す動きです。こうした流れは、「21世紀において団地が持続可能であるためにはどうあるべきか」という問いに対するイギリス人の回答だと考えられます。

さて、一方私たちの回答も、そろそろ用意すべき時代になってきているのではないでしょうか。

第4章

団地再生は まちが再生すること

団地再生は、地域の問題である。団地が廃れてしまうと、まちそのものが衰退してしまうからだ。子どもたちが遊び回り、おじいちゃん、おばあちゃんがコミュニティスペースで雑談する……そんな光景を実現するには、長い間育まれてきた祭や人間関係など目に見えない資源を活かす必要がある。住民の声を聞き、住民の力を借りて、あらゆる年齢層が住みやすい団地をつくりあげることができれば、地域全体が元気になるはずである。

大規模改修で資産価値もアップ

公営賃貸住宅A団地への再生提案

団地再生とは、老朽化した団地を
改築、増築しながら新しく生まれ変わらせることだ。
しかし、それは同時に、団地の周辺地域を見直すきっかけともなる。
A団地は高齢化を視野に入れ、福祉施設を完備した団地へと生まれ変わった。

市浦ハウジング&プランニング 専務取締役 西村紀夫

マンション住まいに増える永住志向

２００３年度の国土交通省の調査によると、いまや国民の約１割がマンション住まい。そのうち半数は、それを「終の住処」として考えています。しかし、そうしたマンションの約３割は築20年以上経っているという数字も出ています。いくら愛着があっても、20年以上も前に建てられたマンションではさすがに住みづらい。そこで、大規模改修ということになるわけですが、費用もかかるし居住者の取りまとめも大変と、二の足を踏んでいませんか？ その気持ちもわかりますが、前述の調査では大規模改修を経験した居住者の、なんと８割が「実施してよかった」と回答しています。

遅かれ早かれ、いずれは直面する大規模改修。今回は、私たちがかかわった公営住宅の事例をもとに考えてみたいと思います。

地域の資産となる団地再生を

Ａ団地は典型的な公営の集合賃貸住宅。昭和40年代に供給された階段室型の５階建て住棟が、２列並行型で配置されています。完成当時の標準世帯「若い夫婦と子ども二人」を基準につくられたため、すでに現状の家族形態と住宅の規

図1　改修前のイメージ

中庭部分に大規模な駐車場が整備され、緑地が活かされていない

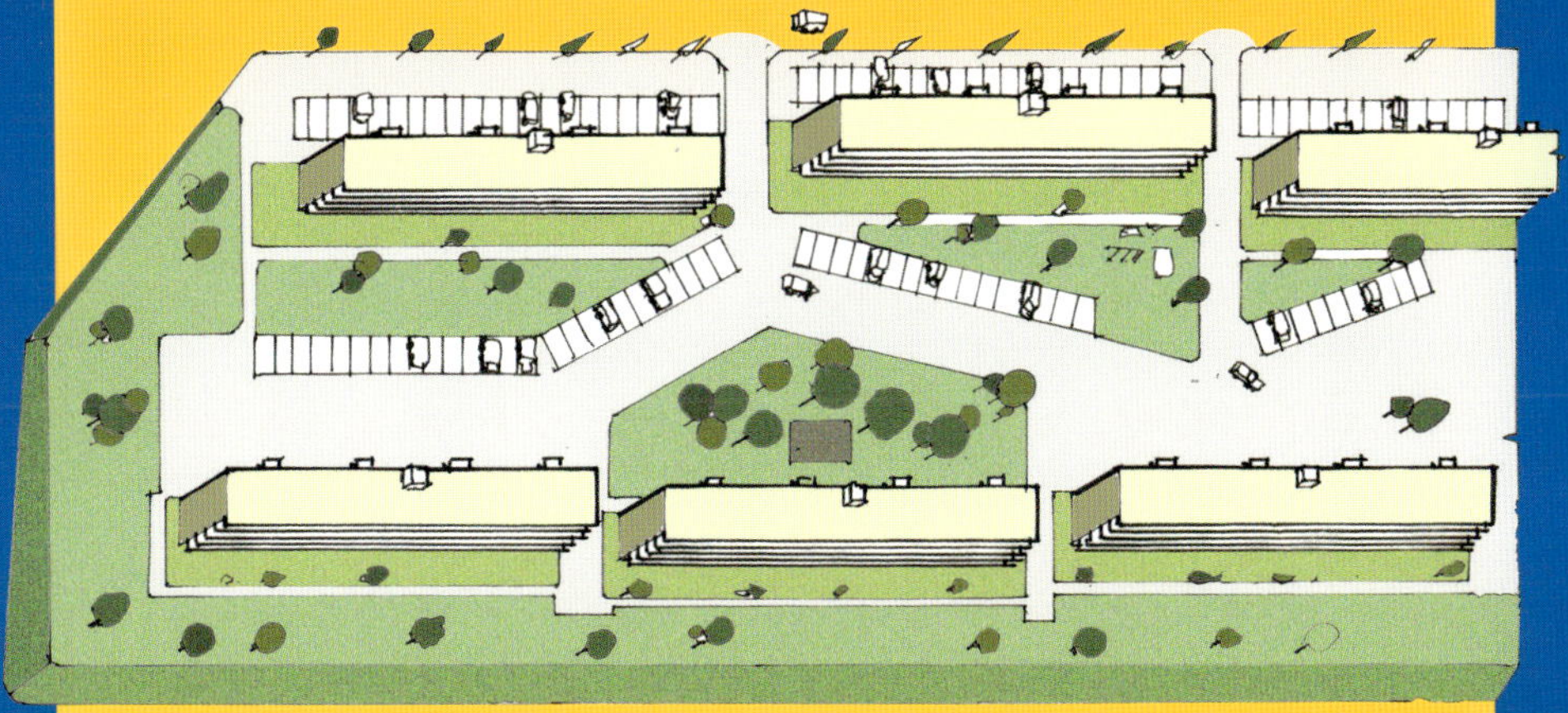

図2　改修後のイメージ

中庭部分から駐車場を一掃。気持ちのよい歩行者優先道路として整備する

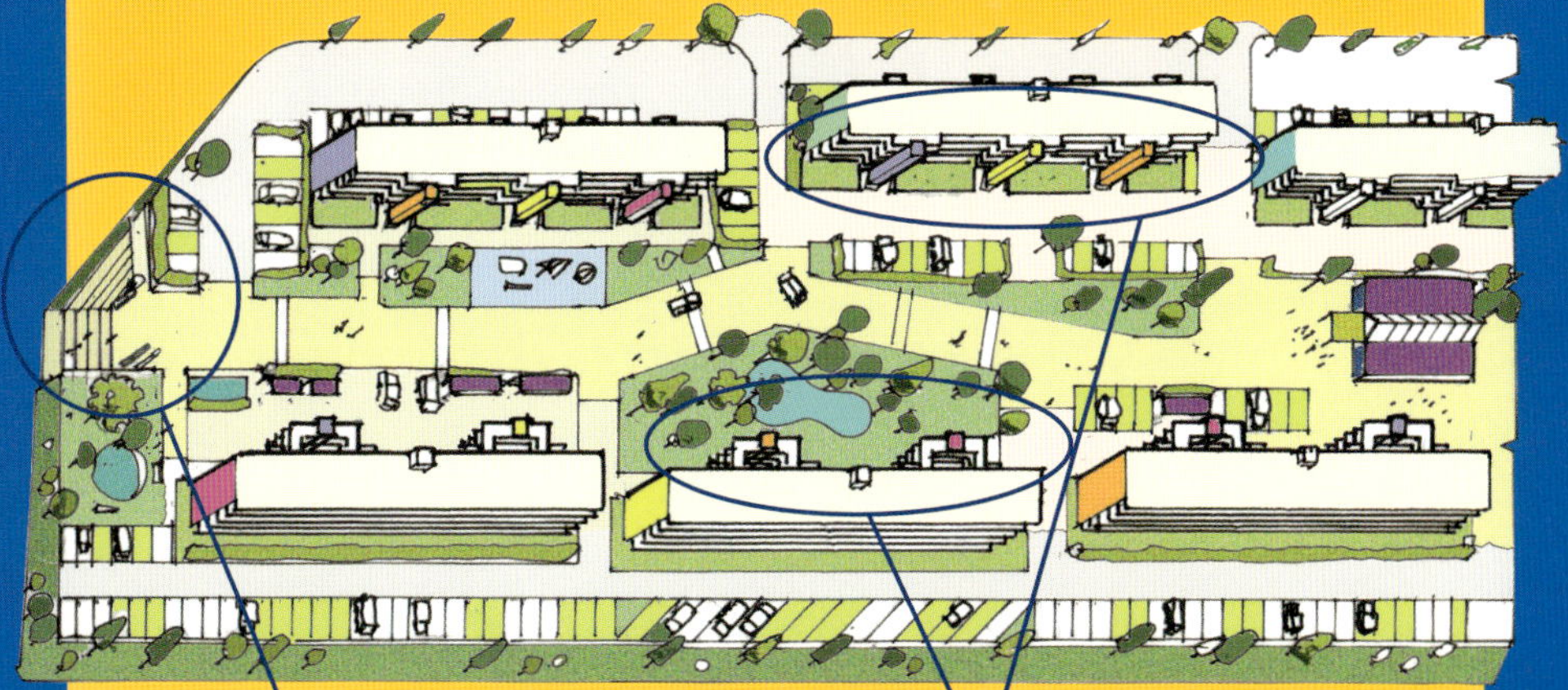

西端部分には階段広場をつくり、団地の顔となる入り口を設ける

エレベーターも中庭側に設置し、歩行者動線を中庭側に集約する

模がミスマッチを起こし、エレベーターがないこともあって4、5階に空き室も目立ち始めていました。また、3K〜3DK住宅の約30％に及ぶ住戸が一人、二人世帯となっていますs。高齢化率も現状はそれほど高くありませんが、今後は確実に上がります。

こうした状況を踏まえ、私たちは住棟再生と併せて団地全体の再生を提案しました（図1、2）。大規模改修は、単に老朽化した設備を直すばかりではなく、団地と地域社会を考える絶好の機会です。そこで、今後の高齢化をにらみ、遊具を減らしゲートボール場や土いじりのできるスペースを整備したり、敷地内に高齢者のための福祉施設をつくり地域サービスの拠点としました。さらに、新しい駅や道路など、団地完成後に変化した周辺環境に応じた車道や歩道の再整備、団地の入り口に半公共の広場を設けて地域と団地を結ぶ場とすることも考えました。住棟のバリアフリー化なども重要ですが、公共スペースや外回りの改善によって、地域の資産ともなる団地再生を提案したのです。

中庭の駐車場を整理して団地の動線を変える

具体的には、まず、旧来の家族構成に基づいた1戸当たり47㎡の床面積を、3戸分のスペースを2戸化することによって約30％アップしました。単身向けの44㎡の住戸から、4人家族やバリアフリーを考慮した広めの77㎡のものまでバリエーションを持たせ、多様化したニーズにも対応できます。

駐車場となっている団地内の中庭には緑道を整備します。この団地の中庭は必要に迫られて安易に設置した駐車場のために、芝生や遊具が活用されないままになっていました。そこで、駐車場を住棟の南側に集積し、歩行者優先道路を創出。その延長線上の団地入り口には階段広場をつくり、団地の顔づくりもねらいました。

新たに設置するエレベーターも、北側住棟は中庭側、つまりベランダ側に設置して、どの住棟の居住者も中庭を通って外に出るようにします。居住者の動線を集約することで防犯性も高まります。幸いこの団地は南側の間口が約7・5mと広いので、そこに1・5mのエレベーターホールをつくっても、それほど邪魔にならずに済むうえ、階段改修が不要となりコストも抑えることができます。従来の出入り口も使えるため、工事中も居住者が不自由なく生活できる点も、この設置法のメリットです。

環境は住まいの財産外構工事で資産を増やす？

一般的に、大規模改修の主な改善課題としては、耐震性

1	
3	2
5	4

1. 中庭の緑地部分が車で囲まれており、芝生部分は住民が利用できないデッドスペースになっている

2、3. 急な階段と使いにくかったスロープ（Before）を改修。見た目の印象もかなり変わる

4、5. 滑りやすかった歩道（Before）を改修し、スロープと手すりも整備（After）。民間の場合、バリアフリー対策も予算や敷地条件を考え、行政の基準にとらわれることなく居住者にとっての必要条件を出すことが重要

能、バリアフリー対策、セキュリティ強化、省エネ対応、情報通信対策、居住空間、屋外環境などが挙げられます。これらをすべて改善できればいいのですが、限られた予算のなかでは生活に直結しない外構工事、公共スペースなどの改善は後回しになりがちです。しかし、団地の資産価値を考えると、外構工事を行うメリットは小さくないのです。私たちがかかわったある民間団地では、1戸当たり10万円程の費用で外構改修を行った結果、資産価値が1戸当たり１００万円も上がったともいわれています。歩道の路面改良や段差の解消、車道の修繕、スロープや手すりの設置などを部分的に行うことでコストも極力下げ、居住者も大満足の結果となりました。

予算のことを考えると効率ばかりが先行しますが、効率を優先しすぎると居住環境がおろそかになります。大規模改修の際に団地内の動線計画や外構スペースを見直し、死角をなくしたり人通りを増やすことによって、防犯と環境を同時に改善することもできるのです。また駐車場も、生け垣で囲ったり立体駐車場によりスペースを活かした方がいい場合もあります。一時的なコストだけで判断せずに長い目で考えれば、立体化によって生み出されたスペースが思わぬ価値を生んでくれるかもしれません。

建築基準法改正で補助金適用にも緩和策が

大規模改修に関しては国も積極的な支援体制をとっています。公共住宅はもちろん、民間住宅にも自治体によってさまざまな補助事業があり、居住環境改善のための自治会活動に対して補助金交付制度などを用意している地方公共団体もあります。

また、２００４年6月の建築基準法改正により、既存不適格建築物に関する規制が緩和されました。これまで、築年数の古い集合住宅は現行の建築基準に合わず、バリアフリーや耐震などの改修工事の助成対象外となる場合が多く、補助金を受ける条件として建築基準に合わせるための別の改修まで求められたりする場合も多かったのです。改正後はこうした建築基準を部分的もしくは段階的に適用することも場合により可能となります。細かい要項が出るのはこれからですが、これまで断念していた計画をもう一度見直すいい機会です。支援策の再検討も含めて、専門家に相談してみてはいかがでしょう。

減築とデザインを駆使した再生手法

旧東独・ライネフェルデに学ぶ

渋谷昭設計工房 代表取締役 澁谷 昭

「ライネフェルデ方式」と呼ばれ、その再生手法が世界の団地で参考にされているドイツのライネフェルデ団地。再生したこのまちを見ると、住み心地よいまちに生まれ変わることは、都市の未来を明るくするのだということを教えられる。

壊れゆく街をよみがえらせたライネフェルデ方式

ドイツ中央部、チューリンゲンの森に囲まれたライネフェルデ市は、１９８９年の東西ドイツ統合前は紡績とカリ鉱山とセメント生産を中心とした工業都市で、社会主義の理想都市と見なされていました。しかし統合後の急激な経済変化によって多くの労働者が職を失い、画一的なコンクリートパネル工法団地には空き家が目立つようになります。

市長は「都市再生は自治体政策の中心である」という強い信念のもとに住民と力を合わせ、団地再生を積極的に推進しました。古い画一的な集合住宅を壊して建て直すのではなく「減築再生デザイン」でよみがえらせる手法は「ライネフェルデ方式」と呼ばれて高い評価を受け、２０００年にはハノーバー万博エキスポ２０００大賞、２００３年にドイツ都市計画賞、２００４年にはＥＵヨーロッパ都市計画賞など受賞しています。２００４年10月19日、当時より市長を務めるラインハルト市長の受賞記念来日講演が東京で開かれました。今回はそのスライドショーの一部をご紹介します。

再生事業は住民が主役

ライネフェルデにおける団地再生のキーワードは「産業・

居住・自然」。この三つの調和こそが持続可能な社会の実現には不可欠であると考えています。そのために、産業エリアの立地条件の改善、居住の質の向上、高水準な自然保全を考えながら住民とワークショップを重ね、計画を具体化していきました。

再生計画の実施に当たっては、類似事例を実際に視察する機会を設け、それには行政だけではなく住民もともに参加しました。

自分たちの住むまちの未来像を、住民がきちんと頭に描けることがなによりも大切だからです。建築設計などのハードの部分はもちろん、再生事業政策などのソフトについてもオープンコンペティションを行い、美しさや機能性も追求した住民主役のまちづくりを実現しました。

このような事業を推進した結果、3000人の雇用を生み出すことにも成功し、居住空間だけではなく住民の暮らしの安定化も果たしています。

2005年の9月末、久しぶりのライネフェルデ団地訪問で、明るい元気な子どもたちが増えた印象を述べると市長は「出生率（*）は1・8になった」と誇らしげに語りました。古い団地が再生されて、再び子どもたちが飛び回れる「子育てができるまち」になりました。

団地再生は未来へのステップ

ドイツらしい徹底した環境政策によって、産業廃棄物は排出エリア内で処理し、廃材を公園などの仕切りに再利用するなど、団地再生においても環境に配慮した工夫が随所に見られます。同時に、減少方向にある市の人口推移も想定し、無駄な開発や新築をせずに身の丈にあった事業を行った点も評価されています。

古い建物も、残す部分と壊す部分を一つひとつ吟味し、5階建ての住棟を平屋に減築して住民センターに用途変換したり、メゾネットタイプに改修したり、余った住棟は撤去して公共広場にしたりと臨機応変に対応するのがライネフェルデ方式。200mもの長大住棟をカステラのように切り刻み、コンパクトなヴィラ風の住棟に改築するなど、その斬新な手法には驚かされます。このような方法は、一気に全部を取り壊すよりコストも手間もかかりますが、新築することを考えればずっと安上がりで、高層から低層に減築することは建物の耐震性と安定性も高めます。

美しく住みよい街になれば、その資産価値も上がります。団地再生は新しい未来へステップアップする第一歩として、前向きに積極的に取り組むことが大事なのだと教えられました。

＊2004年の日本の出生率は1・29

もとはのっぺらぼうの無味乾燥な5階建てパネル建築を3階建てに減築。外装デザインを一新し、テラス部分を増築。1階部分には専用庭を設けてリニューアルした

ラインハルト市長は、滞在中にドイツ製の部品や天然木の内装材を使った日本のエコ住宅を見学。器用に箸を使って日本食に舌鼓を打つ親日家の一面も披露してくださいました

鉄とガラスを多用したモダンなファサードで居住性もデザイン性も一気にアップ。パラソルやサンシェードがドイツらしい

改築前は200mもの長大住棟だったが、それを左のように小さく分断。角部屋を増やして居住性を高め、減築によって間取りも変更しメゾネットタイプの住まいも創出した

1階部分に店舗スペースを設置。住民参加による店舗運営でパン屋さんや主婦の店などが並ぶ。まちの活性化にも役立つ改築プラン

再生前の団地は、同じような住棟が規則的に並ぶ画一的な団地形式(①)。再生プランではコの字型に住棟を残し、中央には日本庭園のある公園スペースを創出。その右の住棟は5階建てを1階建てに減築して住民センターにした(②)。住民センターは屋上緑化。もとの階段室を天窓として活かし、その下には坪庭を設置。明るいコミュニティスペースに生まれ変わった(③)

レトロな洋館を集合住宅にする

住宅としてよみがえる東京・本郷の学舎

大正時代に建てられた古い洋館を、取り壊さず住居として残したい。文化財を遺《のこ》すという意味でも——。それは「コーポラティブハウス」という形で実現した。東京・本郷にある洋館集合住宅の運命を見てみたい。

集工舎建築都市デザイン研究所 所長
近角真一

ちかずみ・しんいち
１９４７年北海道生まれ。建築家・集工舎建築都市デザイン研究所所長。東京大学工学部建築学科卒業後、内井昭蔵建築設計事務所に勤務。１９７９年近角建築設計事務所に参画。１９８５年より現職

大正浪漫の薫り高いリノベーション集合住宅

武田五一という建築家がいました。京都大学建築学科の創設者で、法隆寺大修理にもかかわり、明治〜昭和の時代に日本建築のよさを大切にしつつ、西洋の風もいち早く取り込んだ建築家として知られています。彼が設計した築80年の洋館集合住宅に住む、そんなプロジェクトが、今東京・本郷で進行中です。

関東大震災直後の１９２６年に建て替えられた建物は、３階建てのＲＣ建築。東京大学や樋口一葉住居跡などのすぐ近く、やはり武田五一設計による教会「求道会館」のレンガ建築の裏手にあります。浄土真宗の僧侶、近角常観が、布教のための教会と未来を担う若者たちのための学生寮をと、親交のあった武田五一に依頼して建てたものです。窓や天井の美しい曲線、ヴィクトリアンタイルで華やかに彩られた廊下など、モダンな寮として話題となりました。しかし、学生寮というスタイルも時代と合わなくなり、１９９９年に閉鎖されそのままになっていました。

当初は、取り壊す話もありましたが、文化財級の建物をなんとか残せないか模索するなか、〈コーポラティブハウス〉としてよみがえらせるアイディアが生まれたのです。コーポラ

求道会館。建物は2002年に復元修理され、都の有形文化財にも指定されている

ティブハウスとは、入居者が共同で土地の取得・企画・設計・工事発注・共同管理を行う集合住宅のことをいいます。しかし、今回は土地はもちろん、建物外観や外構の設計はすでに決まっており、施工業者も選定済み。そういう意味では自由度が低いのですが、逆に入居者は自分の居室について専念すればよいともいえます。

RC建築の寿命は60年!? 明らかになった真相

改修プランでは外観はほぼ現状のままで、住宅設備は新しくします。エレベーターを設置し、居室は浴室とキッチンの付いた2LDKが基本。区画の場所と広さを選んで内装プランも付加できます。エントランスに大黒柱のようにそびえるヒマラヤスギもシンボルとして残されます。外観を維持するため、バルコニーはありませんが居室の南側だけは窓を大きくして採光に配慮します。スチールサッシはアルミサッシに変え、窓枠の形はそのまま残し、壁には断熱材を入れてエアコンにも対応。1・8mとぜいたくに取った共用廊下を居住スペースに取り込み、洋館ならではの3mもある天井高もそのまま活かし、簡単なロフトもつくれるかもしれません。

でも、建物の強度は大丈夫なのでしょうか。コンクリートの耐久性は約60年といわれます。コンクリートはもともとアルカリ性で、その状態なら鉄筋も錆びませんが、60年も経つとコンクリートは中性化し、鉄筋が錆びてしまうとされています。しかし、計画実施に向けての事前調査で、鉄筋が錆びていたのは「水」が染み込んだ部分だけだったことがわかりました。コンクリートが中性化していても、水が染み込んでいない部分の鉄筋強度はまったく衰えておらず、コンクリート自体の強度も問題ありませんでした。そこで、外側のモルタルをすべて剥がして錆びた鉄筋のみを交換し、そこにはアルカリ性回復溶液を吹き付けることにしました。さらに外側からポリマーセメントモルタルを15㎜厚で吹き付け、その上から4㎝厚でコンクリートを打ち直し、ほぼ新築同様の耐久性を回復させることができます。これは、阪神・淡路大震災のときの補強工事でも行われた手法です。

古い建物とも隣人とも折り合って暮らす選択

もちろん、問題もあります。古い基準で建てられたため床が薄く、改修で厚くすると荷重がオーバーしてしまいます。遮音性能の高い床材で対処を考えていますが、実際どの程度の効果があるかは調査中です。ユニットバスなどの水まわりの遮音は遮音脚を取り付ける方法を検討しつつ、配管も共用部分の縦配管から水まわりまでスラブ上を横配管でつなぐ工法で音が響かない工夫をします。

集合住宅の歴史が長いヨーロッパなどでは、室内の音に気遣いながら何百年も昔の建物に共同で住んでいます。絨毯《じゅうたん》やスリッパで工夫をしたりする一方で、多少のことは折り合いをつけながら暮らす知恵があります。しかし、日本人はもともと平屋の一軒家に住んできた民族ですから、隣の物音には敏感なのに自分の出す音には鈍感になりがちです。こうした問題は、入居者の価値観にゆだねられる部分かもしれません。住み続けることで古い洋館を維持する、そのためには古い物が持つ特性と折り合って暮らす気持ちも必要です。居住者間の親密なコミュニティは、意図してもなかなか思いどおりには成立しえないかもしれませんが、一緒に住むためのルールは暮らしていくなかから生まれることになるのでしょう。

コーポラティブハウスで文化財維持、という発想

居住区画は、62年の定期借地権付きで分譲されます。この建物がこれまで過ごしてきたのと同じだけの時間を、再生することによってもう一度ともにするのです。そのため、都心の一等地にありながら、取得価格もぐっと抑えることができました。住宅金融公庫の融資も付く予定です。これまで、公庫融資は中古物件には付きにくかったのですが、これからは

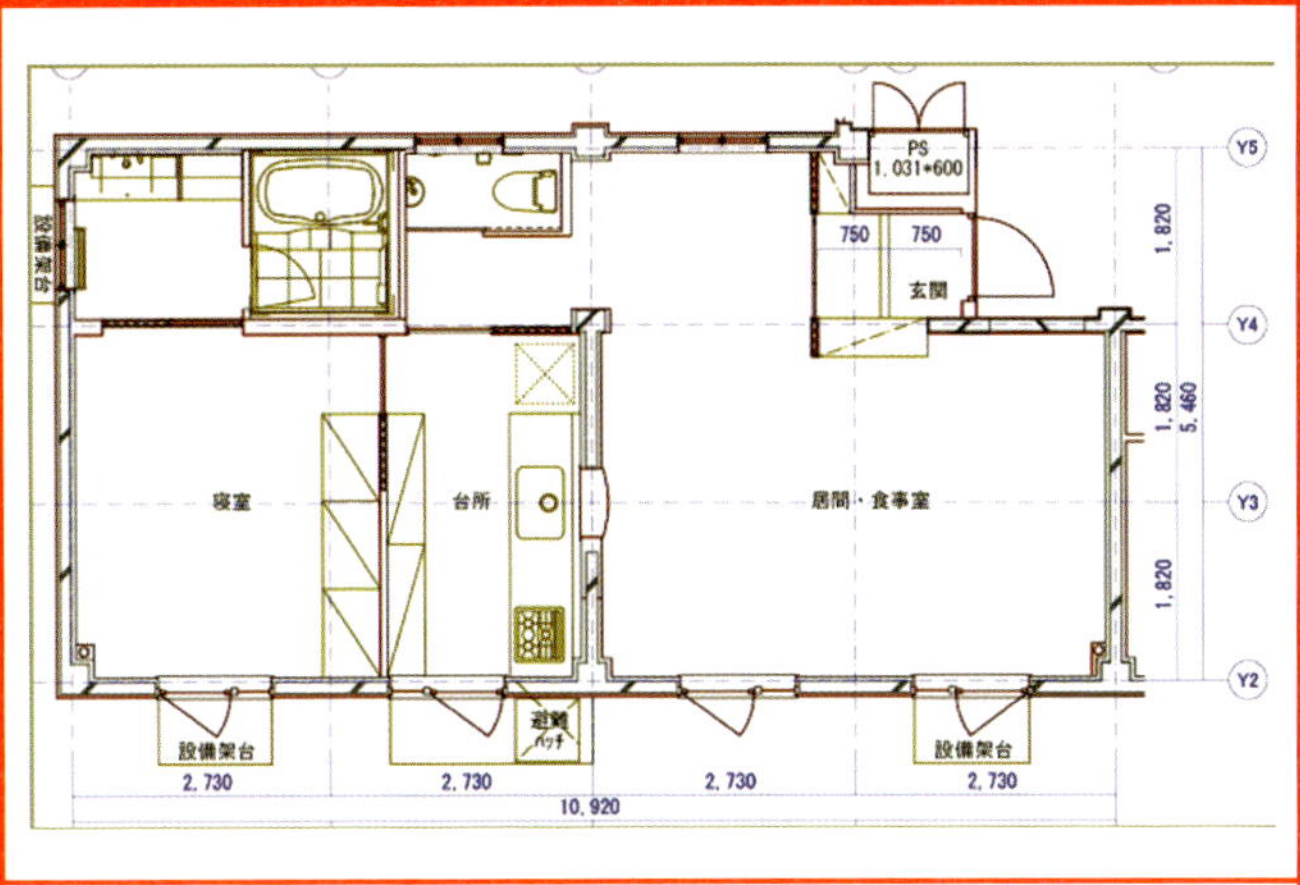

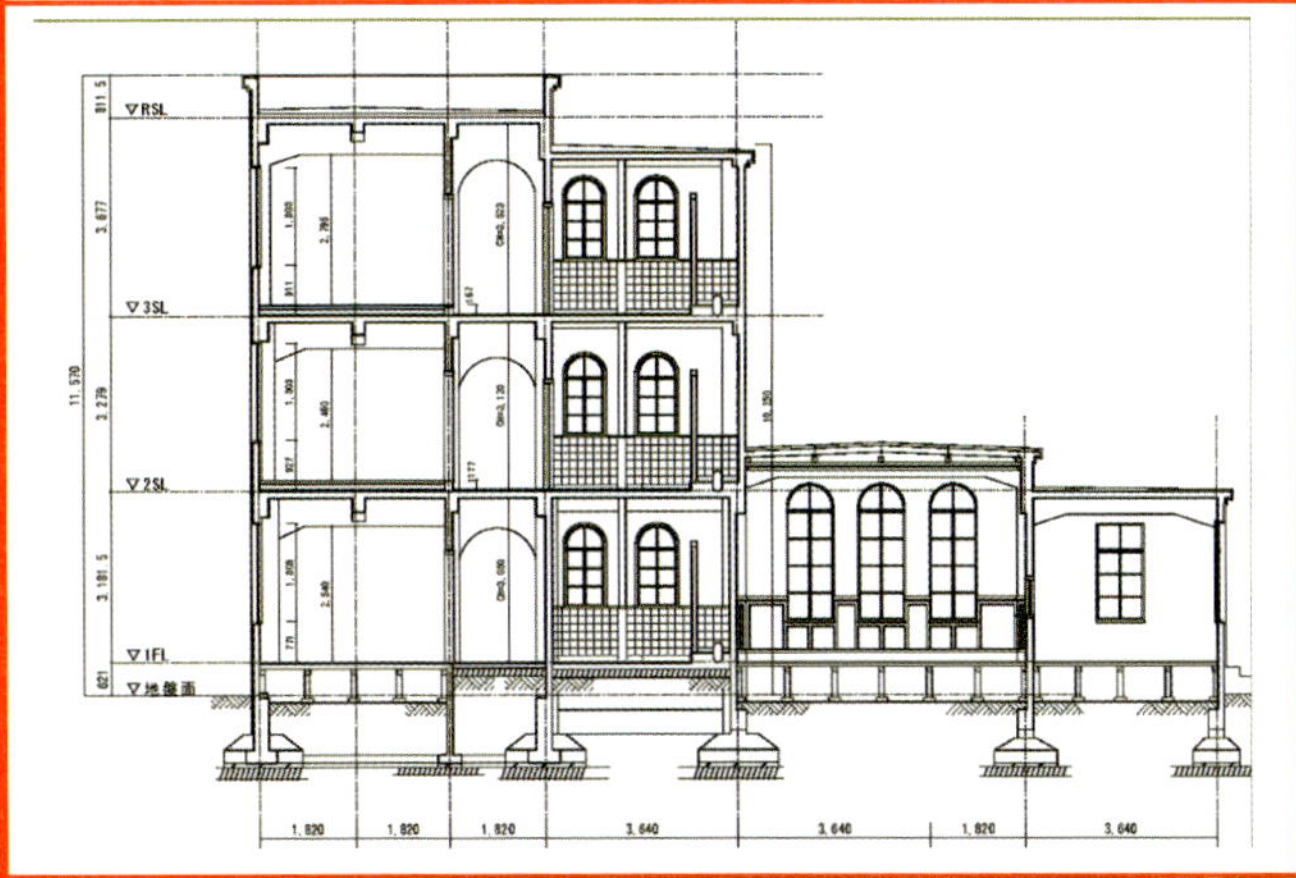

A		1
		2
B		3
C	5	4

1～5. 求道学舎の様子

A. 改修後の標準的な間取りの例。2名同居を基準に広さは大小あり、1、2階を使ったメゾネットタイプの部屋も予定されている

B. 現状の学舎の東側立面図

C. 武田五一（たけだ・ごいち）明治～昭和時代前期の建築家。京都大学建築学科の創設者として有名で、教育活動や文化財修復など多方面で活躍した。写真：「武田五一・人と作品」（博物館明治村）より

求道学舎の正面入り口。入り口や窓のアールが独特の雰囲気を出している

中古物件の改修・再生事業にも積極的に取り組んでいこうという変化がうかがえます。文化財級の建物を保存する意義に賛同し、入居することで守っていくという考え方が始まろうとしています。

今後62年の間には、区分所有権の売買などもあるでしょう。それらも含めて約10世帯の入居者たちがともに考えながら暮らします。そして、62年後、どうやってこの建物を使うかは、再び後世にゆだねられることになるのです。

求道学舎の外観

住みよい住環境求めたさまざまな試み

ノルウェーのサイロコンバージョンとインドネシアのソンボ団地

共同通信　客員論説委員　小野田明広

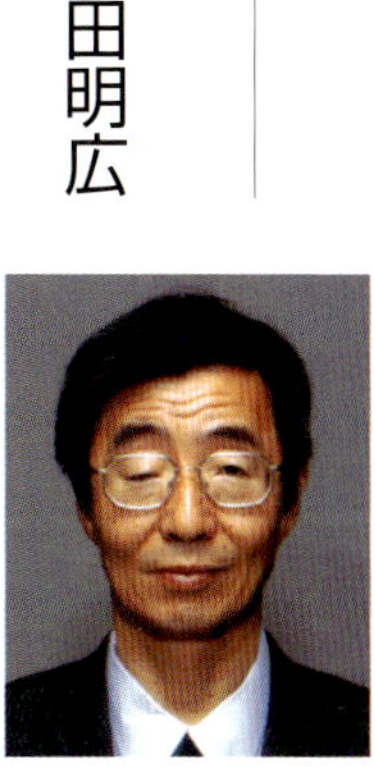

おのだ・あきひろ
1944年生まれ。共同通信社でソウル、ブリュッセル、ニューヨーク特派員を経て2004年4月末から現職

文化や歴史は違っても、世界中で「住環境の改善」というテーマが考えられている。その異なる国の人々の考えを知ることは非常に重要だ。ここでは、ノルウェーのオスロとインドネシアのスラバヤを訪れた経験をお話ししたい。

世界の住まいを訪ねて

世界各地の住まいをめぐる話題を、2002年に1年間、新聞向けにまとめました。取材の際に、東ヨーロッパの旧社会主義国で団地再生が具体的に進んでいる実例をNPO「団地再生研究会」を通じて初めて知ったわけです。ここでは、同研究会がすでに紹介している国以外の2国（ノルウェー、インドネシア）の例をご紹介したいと思います。集合住宅の建設、再生で、行政や企業というプロジェクト推進側の積極性が必要です。同時に、実際に住んでいる人々が、世界の異なった場所で住環境をもっと快適にするためにどう考え、行動しているかを知ることも重要だ、と思うからです。

色鮮やかな元サイロ

ノルウェーの首都オスロは、落ち着いた色合いの建物が並ぶまちです。市内で最近、若者に人気の高いグリューネルリュッカ地区は、昔の工場や倉庫がしゃれたカフェやレストランに改造されています。すぐ下を流れているのがアカーセルバ川で、川幅は6ｍぐらいしかありませんが、雨の後はかなりの急流となり、緑濃い林のなかをオスロ湾へと流れ込みます。

その川原に、高さ約40ｍ、緑、青、黄色と鮮やかなカラーリングを施した塔が7本、そびえ立っています。周囲のくすんだ中層アパートや商店街と対照的ですが、彩色が窓の部分に限られているのと、どぎつい色調を避けているため、周囲から浮き立った感じは受けません。コンクリート製の塔は、30年間にわたり穀物貯蔵サイロとして使われ、２００３年に大がかりな改装工事が完成して、国立オスロ大学の学生寮として生まれ変わっています。

ここはオスロの工業化の発祥地でもあります。港に陸揚げされ、トロッコで運ばれてきたトウモロコシは、ウィンチで最上階まで移動後、1列が7塔、3列で合計21本の円柱状サイロのなかに蓄えられました。下から必要量を取り出し、近くの製粉工場へ。初めは水車、後に蒸気機関で加工して市場に出しました。現在のサイロが建設されたのは１９５２年。時代の推移とともに工場群は郊外に移り、施設は無用となって80年代に放棄されました。「壁には落書きがいっぱい。近くの住民から治安面の苦情も増えて、なんとかしないと、ということになった」。改装工事を担当したＨＲＴＢ社の現場責任者がこう説明してくれました。

世界の都市と同じで、ノルウェーでも若者が都会へ集まり、大学は学生宿舎不足に悩んでいました。そこで政府補助を受けて学生組織がサイロを買い取り、学生寮へ改造したのです。

傾斜地のために4階が正面玄関となっています。昔のトロッコ台車1台が入り口に記念として置かれています。２２７室あり、1ベッドルーム単身用（19・１２５㎡）が大半ですが、学生夫婦もいるので家族用45㎡の部屋もいくつかあります。人が住めるようにするため、エレベーターを設置、階をつくり、壁を取り払って横につなげ、16階と17階には集会場や洗濯室などを設けました。

殺風景な灰色コンクリートの外壁は、下から茶色、黄色、緑、青、ピンクと窓部分を上塗りし印象を和らげました。内装も各階の色を基調に整えてありますが、円柱のコンクリート内壁はなるべくそのままむき出しにしてあります。ＨＲＴＢ社は「美しい形で産業施設を残し、次世代の若者に利用してもらいたい」と語ってくれました。

必要最低限の家具は学生組織が用意しています。「狭い場所をうまく使う日本の知恵も役立っていますよ。ほら」とソファーベッドが指し示されました。

シェアリビング

それでも学生寮の供給は需要に追いつきません。民間住宅に下宿、しかも安く上げるために何人かで一緒に生活する「シェアリビング」が一般的です。カルラ・タルマーさんも

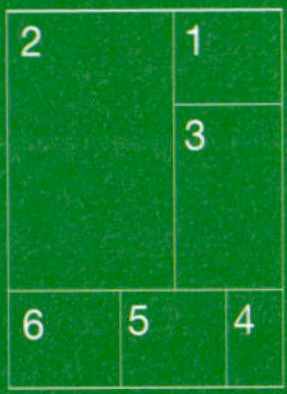

1. 改装前のサイロ建物
2、3. のっぽの鉛筆ビルが束ねられたように見える改装後の学生寮
4. 建物内部を直線で走る廊下の両側には、単身者用の部屋が並んでいる
5. 川へ向かう傾斜地の墓地と林のなかにそびえるサイロ改装建物の遠景
6. 改装で開けられた窓からの採光は十分。つくりつけの机は壁面に沿って曲線になっている。P121の4の図がこれと同じ形式の部屋

その一人で、工場が市内から郊外に移動したのに伴って市北東部にできたニュータウンの集合住宅で育ちました。「魅力的な音楽公演は来ないし、文化会館は荒廃状態のまま」。都心へと向かう若者の心理を、カルラはそう語っていました。

木造3階建ての3階に、3人が共同で間借りしています。カルラの部屋の広さは約12㎡。「安上がりなのが助かる。住居費支払いだけで手いっぱいでは、いつでも人に会えるという都会生活の楽しみを満喫できない」。大学を出た世代にもこの共同生活スタイルは広がっています。共同持ち分、離散時の財産処理など、新事態に対応する法律が整備されつつあります。

もともと北欧では協同組合運動が盛んで、組合員の資金を元手に集合住宅を建築、運用する「コーポラティブ住宅」もオスロ市内に多く、共用の食事室や娯楽室、居住者が申し込んで使える客用部屋などを施設内に備えています。居住者同士が意思疎通を図りながら、程よい距離関係を保つという伝統が根づいているように見えました。契約の精神と協同組合的な連帯感がオスロの多様な住まい方を支えているのです。

活気あふれる共用廊下

寒い北欧から一転して、熱帯のインドネシア第二の都市スラバヤへ話は飛びます。スラム化した仮設住宅群を鉄筋コンクリートづくりの集合団地にうまく住み替えている例があるのです。市有地のごみ捨て場に勝手に住む人が増えてしまったのがソンボ地区です。市当局とスラバヤ工業大建築学科のシラス教授が組んで、密集住宅を取り壊し、同じ場所に新築する4階建て集合住宅内に、旧住居と同面積を永代賃借権付きで保証する方式でプロジェクトを進めたのです。経費節約もあって、公共機関が提供したのは屋根、柱、壁など基本的な構造だけ。この枠内でどう利用していくかは、住民同士の話し合いと自助精神に任せられました。

アルファベット順に並ぶ16棟に650世帯が住んでいます。間口3m、奥行き6m、ちょっとしたベランダと、各居室は手狭です。その代わりに、棟の中央を貫く共用廊下は広く、涼をとる以外にも、お祝いごとがあれば宴会場になるなど「イベント広場」として有効に活用されます。

ある棟の自治会長宅を何回か訪れました。小さなトラブルはあっても、ボイラー管理や警備など班ごとの自治体活動はうまくいっているようです。スラム時代からの仲間同士の助け合い精神が基盤にあるように感じました。

改造事業は経済不振による公共事業費の削減などによる影響を受けています。居住者の間に所得格差が生まれて仲間意識が薄れていかないか、という懸念も少し感じました。

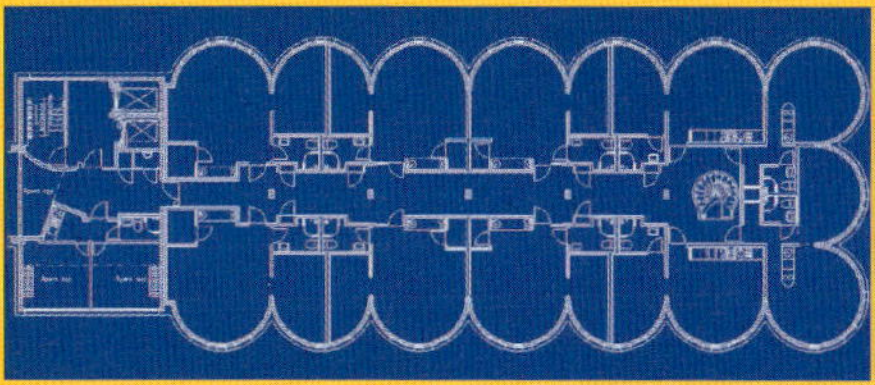

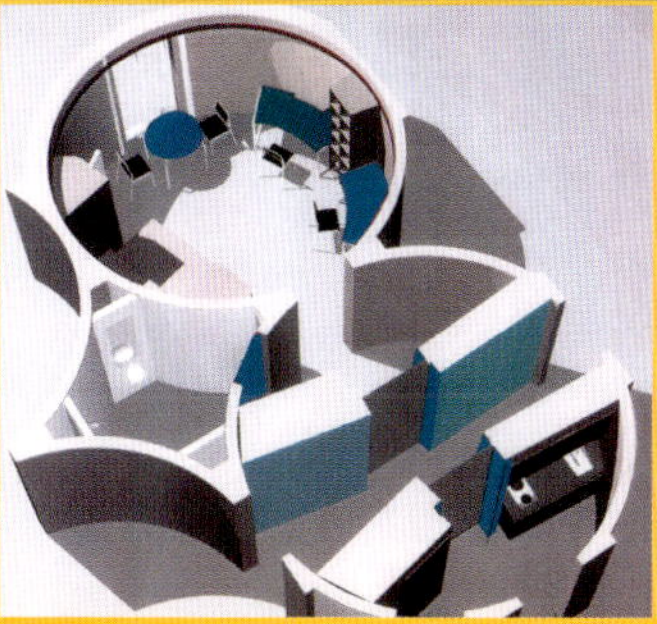

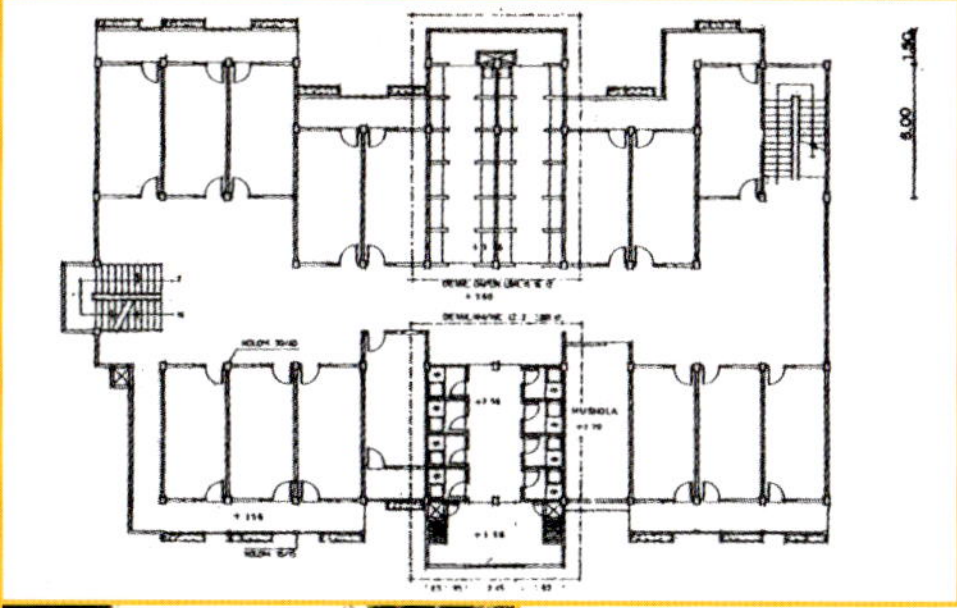

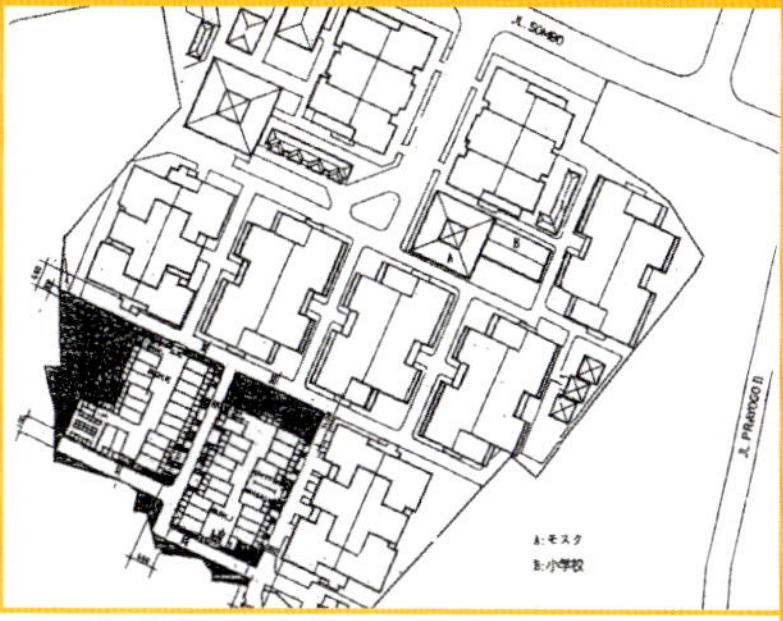

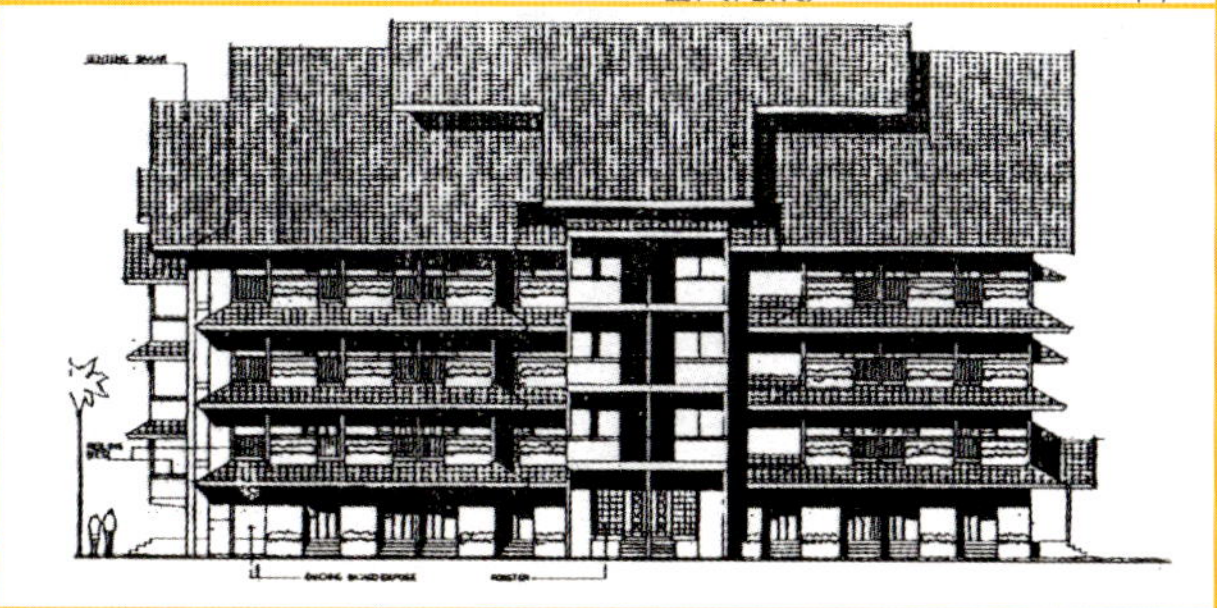

2	1	
5	4	3
7	6	
9	8	

1〜4. 部屋の内装も、階によってエンジや青などさまざまな別の色が効果的に使われている
5. オスロで仲間と暮らすカルラの部屋
6. ソンボ団地の配置図
7. ソンボ団地の平面図
8. ソンボ団地の立面図
9. インドネシアのスラバヤにあるソンボ地区では、スラム密集住宅の代わりに4階建てで広い共有廊下を持つ集合住宅が建てられた

「こうなるといいな」と思い描く、団地再生の可能性

30代アーキテクトから再生事業の提案

現代計画研究所　済藤哲仁

団地再生の概念は、一般的にもかなり浸透してきた。しかし、どう再生させるのが適当なのかについては、まだ議論の余地は多い。７年余りにわたって団地再生に取り組み、３年前からリニューアル団地を実体験中の私が考えていることは……。

さいとう・てつじ
１９７０年生まれ。早稲田大学大学院修了後、現代計画研究所に入所、建築家・藤本昌也に師事。近年、韓国の集合住宅やつくばの田園都市に取り組む

７年前の体験から／デッサウ国際会議

団地再生というテーマを私が考えるようになったキッカケは、１９９９年５月にドイツのデッサウで開催された「東欧の団地再生とオープンビルディング」国際会議に参加したことでした。その当時、ベルリンの壁崩壊後10年が経ち、東部ドイツでは歴史ある工業地帯が市場経済に対応できないまま、大規模工場の閉鎖によって、失業者と画一的巨大団地の環境ギャップを生み、東部から西部ドイツへの住民流出、それが空き家率の上昇を引き起こすという連鎖的問題へ発展していました。このまま放置すれば、生活環境として極めて不安定となって人々は西に流れ、工業都市でありながら過疎化が進行することが問題となっていました。これらの問題を解決すべく、居住環境を再生するためのさまざまな地域開発プロジェクトが実行されており、それらの報告を受けて現地見学する機会をえることができました。とくにパネル工法団地の再生として紹介された「ヴォルフェン北団地」は、それまで見たことがない再生事例で私にとってとても刺激的な体験でした（写真１、２・以下写真はすべてＰ125）。某テレビ局のｂｅｆｏｒｅ／ａｆｔｅｒを取り上げた番組など、今では日本でも見慣れたものですが、７年前に目の当たりにしたときには、

団地再生ってここまでの可能性がある、ということを見事に伝えるものでした。

Googleでキーワード検索して／団地再生の動き

自宅のパソコンを使って「団地再生」のキーワードを検索してみました。検索結果は、約40万9000件という驚きの数字でした。もちろん、インターネットが現在のように使いやすくなった結果でもあるのですが、これだけ一般的にも団地再生ということが浸透してきている証といえます。うれしいことに検索結果の上位には、私たちNPO団地再生研究会と団地再生産業協議会のホームページがヒットしています。

このような国内の動きは、インターネットにとどまらず「国際会議」や「提案競技」として国土交通省も取り組みはじめています。2005年9月に開催された「SB05Tokyo（サステイナブル建築世界会議東京大会）」はその一つで、持続可能な建築の実現や普及を目指す世界の研究者、実務家、企業、政府関係者、学生などが参加・運営し、最新の知見や試み、事例などに関してさまざまな情報交換を行いました（写真3）。また、2005年10月に「既存共同住宅団地の再生に関する提案」が国土交通省と都市再生機構から募集されているところでもあります。これは、高度成長期を中心に整備された共同住宅団地が更新期を迎えつつあり、従来の中心的手法であった建て替えだけでなく、改修や増築などを含めた総合的な再生手法を導入し、既存住宅ストックの有効活用も図りつつ再生を進めていく必要があることを背景に検討されています。ヨーロッパには遅れていますが、新開発の進むアジアのなかでは日本が先頭をきって団地再生に取り組みはじめているといえます。

団地再生の課題とは／団地再生って何だろう？

社会的な動きも見えはじめている状況に対して、共同住宅に実際に住んでいるかたがたがどのように団地再生を理解されているのか、もしかするといちばんの課題なのかもしれません。居住者は、自身の問題とならないかぎり、なかなか団地再生といわれてもピンと来ないでしょう。また、問題になったときには転居すればいいのかもしれませんし、問題の解決に至らないのかもしれません。この1年間、「団《だん》地《ち》逍遥《しょうよう》」と称して初期住宅公団団地を当時の計画者とともにお話を聞きながら見学しているのですが、団地環境は建て替え後より建て替え前の方が圧倒的に魅力を感じることができます（写真4）。もちろん住戸性能は、建て替えた新しい建物が優るのですが、従前の建物に手を加えながら再生されている住戸も、それはそれでまだまだ使えるし、味わい深い住まいになっているように思います。初期住宅公団団地ではないのですが、私自身も団地の実態を知るべく、都市再生機構のリニューアルされた住戸に3年前から住み続けています。それまで団地生活を経験したことのなかった私にとって、具体的にわからなかった団地が抱えている課題を肌で感じている最中です。以下に記述する五つくらいの変化が団地再生を考えるときの課題として実体験からも見えてきました。

①旧住民のなかに新住民が次々と入れ替わることでコミュニティが崩壊してしまう。

②緑地となっていた中庭が駐車場で埋め尽くされてしまう。

③都市計画によって開発が進んだ結果、団地が居住機能に特化されて外には人影も少なくなってしまう。

④事業性から安易に建て替え手法を選択してしまう。

⑤個別リニューアルはさまざまに試みられているが、共用部や団地再生に至らない。

イギリスでは／アーバンビレッジ構想

イギリスでは、1992年にアーバンビレッジ構想が提示され、それに基づいて開発が実施されています（写真5）。アーバンビレッジとは、都市内における住宅需要への対応と田園住宅に住みたいという二つの要求を満たしたイギリス型共同住宅をテーマにしているように見えますが、イギリス社会のなかで伝統的なコミュニティを維持し、安全性や生活の質、環境に重点を置いた構想です。具体的には「ヒューマンスケールの開発」「高品質なデザイン」「複合開発」「綿密に計画されたインフラ」「ミックスインカムとアフォーダブルハウジング」「効果的なマネジメント」という六つの理念が挙げられています。これによって、イギリスの伝統的なコミュニティを自律させることが期待されています。イギリス政府は、都市内の住宅需要増に対処するために、アーバンビレッジの原則を取り入れる方針を固め、国と地方自治体の住宅供給方策として議論を重ねてきました。私は、先に話してきた団地再生の課題とこのアーバンビレッジ構想の理念に共通点を感じています。団地再生には、さまざまな可能性がありますが、アーバンビレッジをコンセプトにした団地再生に関する一つの提案を最後に紹介したいと思います。

こうなるといいな／団地からアーバンビレッジへ生まれ変わって

団地に住んで、また、団地を訪れて感じるのは、多くの人々が住んでいるにもかかわらず活気を感じることができないことです。なにかといえば、団地という住宅機能に特化し

1	
3	2
5	4

1.（写真1）再生されたヴォルフェン北団地の住棟部分
2.（写真2）老朽化が進行するヴォルフェン北団地の住棟部分
3.（写真3）SB05Tokyo ブース展示への参加
4.（写真4）魅力的な緑環境がやさしく住棟を包み込む
5.（写真5）エコ・パークに住棟が隣接するミレニアムビレッジ

たばかりに、足元空間にみんなが集まれる楽しそうな場所が不足していたり、昔は楽しめた場所がいつの間にか古くさくなってしまったために、もはや利用されなくなっていたりするためです。団地再生には、個々で抱えている問題も異なるので、団地の特徴を考えるといくつかのアプローチがあると思います。とくに、私はみんなが集まって楽しめる場所をつくり、まちのなかを歩いていて感じることができるような活気を団地につくり出すことが再生の鍵と考えています。このようなまちづくりを実現すれば、これまでの団地からイギリスで試みられているアーバンビレッジと呼べるようなまちへ生まれ変われるのではないでしょうか。それでは、もう少し具体的に提案を掘り下げてみたいと思います。まず必要なのが楽しみをつくり出す足元空間で、沿道を中心につくられる低層建築ユニットとコミュニティ広場です（図1、2）。これを事業定借によって運用するビジネスモデルをセットにして空間を構築します。次にこの空間を活かす計画の組み立てですが、多様な利用方法を想定しています。それは、NPO組織などのコミュニティ活動の場であったり、商業施設の店舗であったり、アフォーダブル住宅やSOHOであったりとまちの成熟に合わせて変化することができるシステムを構築します。これらハードとソフトの両面からかみ合った団地再生事業を展開することで、住んで楽しく、訪れても楽しめる活気を取り戻したいと私の期待は膨らみます。7年余りにわたって団地再生を考えてきましたが、楽しく暮らせる工夫を住戸リフォームにとどまらず、この提案のような団地リフォームへと展開することで新しいまちの資産価値が形成されるのではないでしょうか。さあ、一緒に再生事業を考えましょう。

（図1・上）沿道サービス空間イメージ
（図2・下）コミュニティ空間イメージ

団地の持つ固有のタカラモノに目を向ける

縮退する地方都市郊外の将来

広島工業大学 工学部建築工学科 助教授
福田由美子

高齢化に対応することが、団地再生の一つの課題となっている。人生経験豊富な高齢者の知恵、そして老朽化した建物の周囲に植生する緑などの資源――これら既存のものを活かしながら、新たな住環境を生み出す手法はないものか。

ふくだ・ゆみこ
広島工業大学工学部建築工学科助教授。熊本大学大学院修了後、１９９６年より広島へ。主に、居住者による住環境管理やまちづくりについて研究

団地再生シンポジウム

２００５年春、広島で、「団地再生は必要か!?　可能か!?　～住宅団地の現状と問題点を考える中で、団地の行く末・可能性を模索する～」と題したシンポジウムが開催されました。会場は、旧日本銀行広島支店。２月末のまだ寒い時期で暖房設備のない会場での開催は問題もありましたが、被爆建物でありその活かし方が議論されている旧日銀で開催することは、「再生」というテーマと符合するということから会場に設定されました。主催は、(社)都市住宅学会中国・四国支部。シンポジウムに合わせて、ＮＰＯ「団地再生研究会」などが実施した「第一回団地再生卒業設計賞」の受賞作品が、３日間展示され、全国の建築を学ぶ学生たちが卒業設計として考えた団地再生のアイディアが並びました。

シンポジウムでは、まず、大坪明氏（アール・アイ・エー大阪支社＝当時／武庫川女子大学教授）から、「欧州団地再生事例から考えるストック活用」と題して、ドイツ、スウェーデンの事例を例にとりながら、団地再生の必要性と課題、再生手法の実態についての、基調講演がありました。「画一的から多様性へ」「増築だけでなく減築も」「住民参加」「環境共生」などがキーワードとなっていました。それを受けて、

広島郊外のニュータウン住民や建築設計の専門家、大学の研究者らによるディスカッションが行われました。

広島における団地再生の課題

団地には、戸建て住宅地もあれば、積層型の共同住宅による団地もあります。広島で考えるならば、都心に立地する基町高層住宅もあれば、戸建てと共同住宅から成る郊外の大規模住宅団地もあります。

基町高層住宅は、戦後、元安川沿いに形成された木造密集住宅地を整理するために、一定の質の住宅を確保することと、広く市民のために公園と河岸緑地を確保することを目的として、１９７３年に建設されました。将来の改造を考え2層4戸を1単位とする大架構で構成され、またショッピングモールや屋上庭園などの利便施設を備えた画期的な住宅団地であったにもかかわらず、30余年が経過し、建物の老朽化や住戸面積の狭さなど社会の変化に対応できないまま、今後のあり方が問題となっています。

一方で、広島の郊外住宅団地は、主に１９６０年代後半から、戸建て住宅を中心に、郊外の斜面地、丘陵地に開発されてきました。同時期に同世代が入居している団地では一気に高齢化が進んでおり、斜面地という立地でマイカー移動を前提とした団地での居住環境が問題となっています。

団地の高齢化に向き合うためには

シンポジウムでは、「団地再生」という観点からこれらの問題について議論されました。データに見る広島の郊外戸建て住宅団地の現状と課題についての話、自宅で伴侶を看取ることができる住環境についての話、東京の大規模公団団地での住民による助け合いサービスの紹介などなど。議論のなかで共通のテーマとして浮かび上がってきたことは、高齢化にどう向き合うかという点でした。このときの議論は、宮本茂氏（中国地方総合研究センター）により、次のようにまとめられています。

・高齢化に対応することは共通の問題であり、助け合いによりサービス、サポートの充実が求められている。
・趣味、特技を地域に活かせるように、個人ではなく団体をつくり、地域活動をして影響力を見いだすことが大切である（コミュニティサポートなど）。
・生きがいを見つけることにより、高齢者も第二の人生への活力が期待できる。
・趣味を通して、団地内外の友好を深め、コミュニケーションの場を提供し、広げていくことが重要である。

1. 元安川沿いに建てられた基町高層住宅は好立地ながら高齢化が進んでいる
2. 暖房設備のない旧日銀会場ではコートを着たままのシンポジウムとなった（撮影：宮本茂氏）
3. 広島郊外の丘陵地・斜面地には大小の住宅団地が広がる
4. 古い団地では住民が丹念に育てた草花やDIYによる味のある改造が見られる
5. 住民による管理が行き届いた児童公園

・環境問題との関係が必要で、今あるものをよみがえらせることにより環境と一体化することが期待できる。
・今あるものを活かしたリフォームが重要である。
・住民側も、整備費用を負担または家賃が上昇するなど、今後のためにもある程度の金銭負担に耐える必要性がある。
・人口減少に伴うこれからの課題は、増築ではなく減築することにより資産価値を高めることも必要である。
・さまざまな団地があるなかで、個性を活かしつつ、団地とのつながりや連携が必要である。
・少子化に伴い、人口増加が望めない状況のもとで質的に都市の開発を進めるコンパクトシティが期待される。

団地に今ある資源を大事にする

成長、開発、人口増加、新規供給……。これらはこれまでの住宅地を考える際に前提となっていた概念です。しかし現在は、減少、縮小が前提の課題ばかりです。この課題を解くヒントが、パネリストとしてディスカッションに加わっていたニュータウン住民の発言にありました。「再生というが、団地は死んだわけではない」「豊富な経験を持った高齢者の存在は、課題ではない。優秀な人材であることを認識し協力してもらうことが重要だ」。新しい住宅、若い人中心の発想ではなく、団地が今持っている資源に目を向けて、その資源を大いに活用するなかから次の時代の団地のありようが見えてくるということです。

そこで、古い団地が持つ資源について考えてみます。ハードの側面でいえば、住宅や公共施設など、建物そのものは老朽化し現代のニーズに合わないといった問題点があるかもしれません。建物は使えば傷み、古くなれば汚れてもきます。しかし、大きく育った樹木や各家の庭先で連鎖しているような小さな生態系は、山を切り開き更地として供給された以降に、住民たちが丹念に手を入れながら徐々につくり上げていったものです。つくられたばかりの団地は、真新しいきれいさはありますが、よそよそしくどこも同じ表情に見えます。年月を経た団地は、それぞれ独特の風景を創出しています。もちろん、住み手の熱意によって、できる風景の質には差が出てきます。

ソフト面での資源について考えますと、長年居住のなかで培われたほどよい隣近所の関係、迷惑をかけない住まい方の作法、そのほか地域行事やいざというとき（例えば災害時など）の連帯感など、目に見えない集住の文化が育っています。これらは、新しい住宅地では、なかなか手に入らないものです。そして、やはり先の住民の発言のように、知恵・技に長けた人材としての高齢者。とくに仕事を引退して地域に帰ってきた高齢者は大きな資源です。また、住民が手入れしてきたハードとしての住環境には、住民たちのさまざまな思いが込められています。記念日に植えられた樹木はそのまま子どもの成長の思い出と重なり、暑い盛りに近所総出で草刈りした公園は一緒に汗をかいた仲間と飲んだビールの思い出とつながっているかもしれません。居住の過程で蓄積されていった住民たちの居住地に対する思いも、重要な資源です。

時熟の視点

このように「再生」の対象となるような古い団地には、さまざまな資源が存在しています。これらは、時間の経過とともに積み重なっていったもの、すなわち時熟によってえられたタカラモノといえるかもしれません。しかし、このようなタカラモノは見えにくく、またマイナス面としてとらえられることも多いものです。

成長の時代につくられた住宅団地は、今日、多くの問題をはらんでいます。それらの問題を乗り越えるためには、シンポジウムでの議論にもあるように、既存のものを活かす視点や、公共と民間の役割分担の再考など、発想を転換していく必要があります。その際、その団地が持つ固有のタカラモノについて、改めて考えることが重要です。

郊外住宅団地では空き家が問題となってきつつあります。しかし、人口減少、活気がないなどの問題点のみに目を向けるのではなく、再生のきっかけとなるその団地のタカラモノを探すことから始めてはどうでしょうか。緑豊かな住環境や安心して生活できる近隣ネットワーク、そして空き家そのものが重要なタカラモノになるかもしれません。

時熟という視点でみれば、「住むこと」は「居住資源を紡ぐこと」につながります。そのような居住資源を紡ぐ輪のなかに、新しい住民を受け入れながら、また新たな資源を創出し、さらに環境価値が高まるような循環が望まれます。

庭先には家族の記念樹が大きく枝を広げている

団地再生は地域再生のチャンス

子どもの目線から考える

社会の変化に伴って、子どもたちの遊び相手や遊ぶ時間・場所が減少の傾向にある。つまり、きょうだいや近所の友達がなく、塾通いで忙しい子どもが増えているのだ。そんな子どもたちを地域に取り戻すには……。

福村朝乃

ふくむら・あさの
１９６８年生まれ。大学卒業後、会社勤務を経てドイツに滞在した経歴を持つ。沖縄県出身

幼児の遊び相手

先日テレビニュースや新聞紙上で、大手の通信教育会社による乳幼児を持つ保護者を対象にした、幼児の生活アンケートの調査結果が報道されました（図1）。この調査は首都圏の6歳までの乳幼児を持つ保護者約３０００名に協力してもらい、生活の様子や母子関係をはじめとする家族とのかかわりを調査したものです。詳細はその会社のホームページで見ていただくことにして、私が関心を持ったのは、子どもが一緒に遊ぶ相手について、「母親」を選択する比率が10年前は「きょうだい」「友だち」に続いて第3位であったものが、今年の調査では大幅に増加して第1位となっていることでした。「全体的に母子が一緒に活動する機会が増えている」としています。

公園デビュー

このニュースを聞いて思い出したのは、数年前に「公園デビュー」という名称で、育児中の母子が公園周辺で出会うほかの母子との人間関係の難しさに注目が集まったことでした。

子どもの成長に合わせて母親の行動範囲が決まりがちなのは、育児中の親のストレスの一つです。しかし昨今の少子化

で顕著な、きょうだいがいない、近所に同じくらいの年齢の子どもがいない、となれば、親が（母親が）相手をすることが多くなるのは、首都圏も地方も同じでしょう。そんな母子が連れ立って行く先が、公園という非常に狭い範囲の社会となってしまっていることは、単純に「子どもと一緒に砂場での外遊びが増えた」と評価していいものか、ひっかかるものがあります。

図1　平日、(幼稚園・保育園以外で)遊ぶ時は誰と一緒の場合が多いですか。

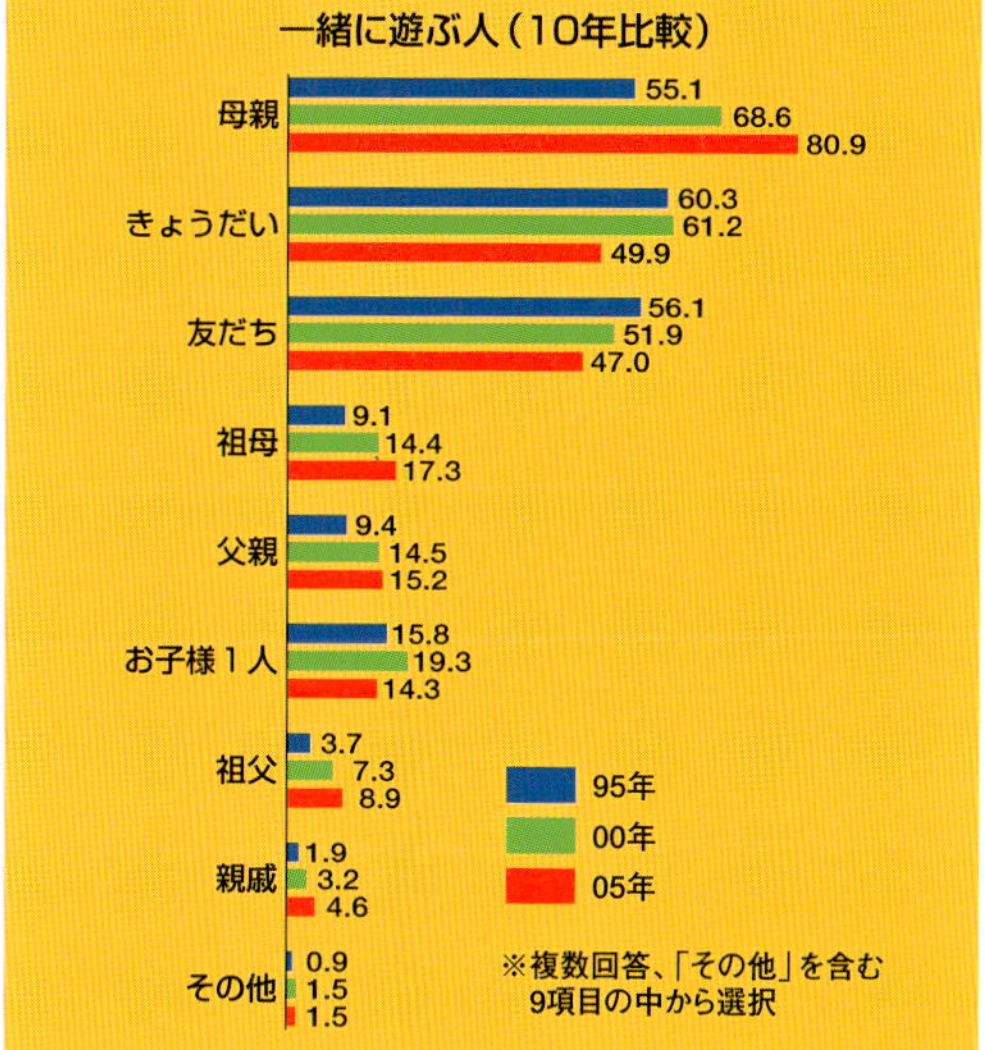

ベネッセ教育研究開発センター「第3回幼児の生活アンケート（2005年調査）」より

親子クラブ

私が住んでいる沖縄はパートやアルバイトを含めて就業している母親が多く、そのため0歳児から保育園へ通う乳幼児の割合も高いことが特徴です。同時に、地域社会と共同体がまだ生きているといわれながらも、他府県と同様に以前は子育ての一端を担った隣近所とのつきあいも減り、子どもを取り巻く環境とまちの風景は大きく変わりつつあります。

週に一度、2歳になる娘を連れて市が運営する児童センターに出かけるのですが、そこでは幼稚園や保育園に通っていない乳幼児とその親のために、「親子クラブ」という活動があります。地域の親子を対象とし、指導員のもと、異年齢の集団で共通の遊びや催し物を体験することで乳幼児の健全な発達を促すのが目的で、育児中の母親を孤立させないようサポートするものです。地縁・血縁が強く、子どもを生んだ後の育児の協力を実家や親戚からえやすい沖縄でも、このような施設が必要とされつつあります。

そこで大勢の子どもとその母親たちと遊んだり喋ったりするのは、私と娘の楽しみの一つです。けれどもこうして大勢の母親があちこちから子どもの手を引いて（車に乗って）そこへやって来るということは、子どもたちは住んでいる地域を飛び越えて、親の知り合いといった人間関係のなかや、このクラブ内で出会う子どもとしか遊べないのではないかと疑問に思ったりします。

子どもの環境

「子ども」というのは実はとても限られた時間のなかにある一つの過程です。時とともに過ぎ去っていずれは「子どもでなくなって」しまうものです。そのせいか子どもの環境というのは後まわしにされがちで、ずいぶん乱暴に扱われてきたのではないでしょうか。

かつて集合住宅団地の計画においては、子どもの遊びの環境をどうつくるかは重要なテーマだったはずです。児童公園などもニュータウンの計画から始まり、既成の市街地にも当てはめられるようになり、現在あちこちで見られるようになった公園・緑地の整備がなされてきた経緯があります。

遊び場の現状

しかし私の近所の団地に限ってみても、現在の状況はひどいものです。沖縄は鉄道がなく完全な車社会、それもマイカー社会なので、団地敷地内でも駐車場の占める割合が大変高くなっています。1戸に車1台どころか2台以上というのが普通となり、道路の渋滞のみならず、団地敷地の屋外環境のほとんどが駐車スペースという景色も珍しくありません。そのため子どもの遊び場としての公園も、隅に追いやられるような配置になり、遊びたくても遊べない状態です。

確かに子どもは遊びの天才で、何もない原っぱでも狭い路地でも、どんな所でも遊び方を考えてみせるでしょう。実際私が幼い頃よく遊んだ場所は、近くの公園よりも家のすぐ前の道路だったり、友達の家の車庫の前であったりしました。でもそれは私にきょうだいがいて、近所に同年齢の、あるいは年長や年下の子どもたちといった仲間が大勢いたからなのでした。

子どもの生活の変化

では今の子どもたちはどこで遊んでいるのか。以前と比べて子どもたちも格段に忙しくなりました。稽古ごとのほかに、英会話の学校や塾に通っている子どもたちはかなり多くいます。曜日によって下校後の行動が決まっている子どもが多くなったということは、子どもの時間というものが細かく分断され、1日のほとんどを住んでいる地域を離れて過ごすということでしょう。子どもたちは残された時間に応じた遊び場と遊び仲間を見つけるしかない、ということでもあります。

前述の児童センターなどの施設の拡充や、NPOを中心とす

2	1
4	3
6	5

1. 駐車スペースが増えた団地
2. わずかな緑地に設置され、忘れられてしまった遊具
3. 色鮮やかな公園の遊具
4. 親子クラブの活動風景
5. 幼い頃遊んだ公園。現在は団地の第3世代が遊んでいます
6. 学校が建設されるまで開放された土地で遊ぶ近所の子どもたち。その向こうはグランドゴルフを楽しむ人々

る子どもたちへの活動も多岐にわたり、その支持と要望が年々増えていることもそれを裏づけています。

　週休2日制により子どもたちが家族と一緒に遊びに出かけたり、または仲間同士で遊ぶ時間や機会は増えたでしょうか。実際は固定された人間関係と、社会的ネットワークのなかで過ごすことが多くなっているのではないでしょうか。

子どもを地域に取り戻す

　少子化は問題だといいますが、限られた時間を生きる子どもたちの環境に目をやることも大事だと思います。通常の生活やまちのなかで、その風景のなかに遊ぶ子どもの姿を見ることが少なくなりつつあると感じる人は多いでしょう。子どもたちの遊びの時間と仲間の減少は止められないけれど、遊びの空間の減少はくい止めることができます。住んでいるまちを魅力ある遊び場に変える。子どもの居場所をまちのなかにつくる、残すといった積極的な行動は、地域を再生するまちづくりにつながるでしょう。

　まちづくり、地域再生とは、子どもや老人、身体にハンディを抱えた人など社会的弱者とともに、住んでいるまちと共同体を見直すことです。そして今よりもっと楽しく美しい、住みよい地域社会をいかにつくるか、みんなが考えることが大事だと考えます。

団地再生は地域再生のチャンス

　団地の再生問題は、その敷地の広大さから周辺地域への影響を考慮する必要があります。なぜなら多くの既成市街地が公園や緑地が不十分なため、団地のオープンスペースでそれを補えるという将来にわたる利点があるからです。団地だけでなく、周辺地域の子どもたちの遊び場としても魅力的なものになるでしょう。

　子どもの遊び場は何も公園だけではありません。子どもが楽しく仲間や自然とかかわり、その生を輝かせる空間をどのようにつくり、残していくか考えることは、大人の責任です。そしてそれは単に空間の創造にとどまらず、その地域で生活する人たちの益となることも確かなのです。

　一度子どもの目線で地域を眺めていただきたい。利便性だけで見知っていたまちや地域に自分の居場所はあるのか。それは子どもたちが私たちに問いたいことでもあるのではないでしょうか。

NPOと住民が自ら団地をつくりかえる

千葉の高洲・高浜団地の団地再生

東京および周辺地域には築30年～40年以上経つ団地が多数存在するが、千葉県ではNPOが住民と手を結び、住民向けにさまざまなサービスを提供している事例がある。高洲・高浜団地のコミュニティ・ビジネスを紹介しよう。

NPO法人ちば地域再生リサーチ 事務局長 鈴木雅之

すずき・まさゆき
1967年栃木県生まれ。千葉大学助手。コンサルタント事務所勤務の後、2001年より現職。専門は都市・建築計画

関東の郊外部の団地は、東京を中心とした高度経済成長下の経済活動を支えるベッドタウンとして形成されました。それが今、築後30年～40年を経過し、人口減少、住民の高齢化、住棟・室内の老朽化という問題が現れてきています。

このような団地は、建て替えられるか、建て替えられずに、その後数十年住み続けられる住まいとして再生されることになります。建て替えに向けた制度や技術は検討されていますが、継続して住むための考え方や方法の検討は不十分です。

郊外部の多くの団地で、人口減少や住民の高齢化の影響によって、住民に元気がなくなってきています。現在はまだ悪化が進行中ですが、団地が再生される前に、瀕死の状態に至らないとも限りません。住民は、団地の再生をただ待つのではなく、身につまされる居住環境と生活環境の向上に自身で目を向け、対策をしなければならなくなってきます。

コミュニティ・ビジネスによる再生

団地を住みよくつくり変える手段として、団地住民によるコミュニティ・ビジネスという方法があります。コミュニティ・ビジネスは、地域課題の解決を目的として、地域の住民が主体的に参加し、サービスの継続性を図るために、ビジネス的な手法で行う活動のことです。行政や民間企業では解決できない多様な地域課題の解決を目指すところに最大の特徴があり、住民が主体となって、元気がなくなった団地を等身大の視点で再生するための有力なツールともなりえます。

また、地域内の雇用を生み出すこともできます。団地内の主婦や、会社をリタイアする住民にとっては、社会貢献しながら自らのやりがいも発見する生き方につながります。

地域の課題と団地再生NPO

千葉市内の高洲・高浜団地で、地域活動やリフォーム・高齢者支援のコミュニティ・ビジネスを実践しているのが、NPO法人ちば地域再生リサーチと団地住民です。

NPO法人ちば地域再生リサーチ（略称CR3、理事長・服部岑生、事務局長・鈴木雅之）は、2003年8月に設立され、専門知識と技術を持つ教員と若い感性を持つ学生が協働しています。魅力ある団地再生のために、団地の課題や生活情報を収集する情報収集イベント、小学生との「団地思い出ワークショップ」、住民との交流会・勉強会などの地域活動を、コミュニティ・ビジネスとは別に行っています。

活動地域の高洲・高浜団地は、1970年代から開発が進んできた稲毛海浜ニュータウン内にあって、今は、都心回帰現象や最寄り駅直近の新規マンション供給の影響によって元気がなくなってきています。現在の高齢化率は10％程度ですが、1970年代に同世代が同時に住みはじめたため、これから10年間に、一斉に超高齢化すると予想されています。

活動地域には、築後30年を超えたUR賃貸住宅、公団分譲住宅、県営住宅、市営住宅、戸建て住宅や、最近建てられた民間マンションがあり、現在、約1万8000世帯、約4万4000人の人口が住んでいます。約1万8000戸ある住宅のうち、約7割が1970年代前半に供給された5階建てでエレベーターがない住棟群です。

今後、建て替えや改修がされない団地では、室内は居住者自身がリフォームや補修を行いながら住み続けることになるため支援が必要です。また、エレベーターがない5階建て住棟での、階段の上り下りは高齢者にとっては大変です。そして、安否確認が必要な一人暮らしの高齢者も増えてきています。

リフォームと高齢者支援のコミュニティ・ビジネス

このような団地の課題に対して、CR3では、リフォームと高齢者の団地生活の支援をコミュニティ・ビジネスとして実践しています。CR3・団地住民・団地住民の日常生活を支えるショッピングセンターがパートナーシップを組み、

2	1
4	3
6	5

1. サービス拠点
2. 「街の道具箱」の様子
3. 小学生とのワークショップの様子
4. 30年間リフォームされない壁紙
5. DIY講習会の様子
6. DIYサポートの様子

CR3が団地内のショッピングセンター内にサービス拠点を設けて運営と管理を行っています。コミュニティ・ビジネスの主な特徴は、地域貢献に意欲を持つ住民や専門技能を持つリタイア住民とネットワークをつくること、団地ショッピングセンターの活性化と地域コミュニティの活性化を連動させること、大規模団地が持つ「古く」「画一的」というデメリットを合理的な材料仕入れや技能研修のしやすさというビジネス的なメリットとしてとらえること、の3点です。

このようなコミュニティ・ビジネスを実践するきっかけは、この団地で開催した情報収集イベント「街の道具箱（2004年1月〜3月）」に訪れたキーパーソンともいえる住民との出会いです。地域貢献意識の高い彼らとショッピングセンターとともに、アイディアを出し合い、調査や検討を繰り返しながらビジネスモデルをつくっていきました。

リフォーム系サービス

リフォーム系サービスには、DIYサポートとリフォーム・住宅修理があります。これは、老朽化した室内とインテリアという課題に対して、低料金のリフォームと住宅修理の方法を提供するものです。DIYは、Do It Yourselfの略で、リフォームや修理を自らの作業で行うということです。DIYサポートでは、DIY講習会を開催しています。住民にとっては自宅のDIYのためという目的がありますが、CR3にとってはこれから団地で活動するリフォーム・住宅修理スタッフの養成という目的も含まれています。

さらに、住民のDIYを自宅に出張してアドバイスをしたり、それぞれの住宅に合った壁紙・ふすま紙・玄関錠などの材料選択のアドバイスをし、販売も行っています。

このサービスの提供のために、地元のリタイア技能者を中心として、DIY講習を受講した住民とのネットワークをつくり一緒に作業しています。サービスを開始した2004年11月から、計83件のリフォームあるいは住宅修理を行っています。リフォーム・住宅修理を地元の住民が作業するという安心感から住民に受け入れられ、継続して注文があります。

その結果、リタイア技能者には固定給を、住民スタッフには時間給を支払うことができています。

リフォームのリタイア技能者は、このコミュニティ・ビジネスを実践することによって、やりがいと生きがいを再発見しているようです。また、DIY講習会を受講した住民は、技術を習得し、自らの手で自宅を安価で個性的にリフォーム・修理できる喜びを覚えています。数名は、CR3のスタッフとしてリフォーム作業に参加し技術を活かしています。

買い物代行・安否確認系サービス

買い物代行・安否確認系サービスには、代済商品配達と買い物代行サービスがあります。これは、高齢化の進展、孤独死の増加、団地ショッピングセンターの衰退という地域課題に対して、買い物代行、共同宅配、安否確認という三つのメニューを一つにまとめ、高齢者の生活を支援するシステムに組み立て直したものです。このシステムには、住民が代済商品配達や買い物代行というサービスを受けるだけで、CR3が結果として安否確認を達成するというしくみが内蔵されています。

現在のサービスは、代済商品配達が中心です。このサービスは、利用者がショッピングセンターで買い物した商品を、CR3のスタッフ（団地住民）が、1回50円で利用者宅まで配達するものです。利用者自らが商品を見ながら買い物をしたいというニーズに合っていて、また、できるだけ外に出て歩くという高齢者の介護予防にも役立つと考えています。

買い物代行・安否確認系サービスでは、CR3が住民スタッフとパート契約を結び時間給を支払っています。このサービスにかかわる住民は、商品を配達し、利用者に感謝されることによって、やりがいのある仕事であるという気持ちと強い地域貢献意識を抱くようになっています。

ただ、残念ながらこのサービスは、これだけで収益を上げることがなかなか難しいものです。継続してサービスを提供するために、リフォーム系サービスとCR3のほかの事業などによる収益を、地域還元として買い物代行・安否確認系サービスの経費として割り当てるように工夫しています。

住民主体の団地再生

団地の再生は急いで取り組まなければならない重要な課題ですが、多くの郊外団地の場合は、再生を待たざるをえない状況が当分続くことになるといわれています。しかし、その間にも住民の生活は続いているわけで、その期間の生活サポートを重視しなければなりません。

人口減少、高齢化、商業の衰退、犯罪の増加などの状況や事情は、地域ごとにさまざまであり、残念ながら、団地の再生に関する万能な方法は存在しないといえます。

今回紹介したようなコミュニティ・ビジネスは、「住民自らが主体的に実践して団地を向上させる」という気持ちが芽生え、その効果によって団地全体の向上にも連鎖的につながると期待できます。住民が自ら生活向上を図れば、郊外の団地を「終の住処」として、新たな住民を呼び込むような魅力ある居住地となり、再生にプラスの影響を及ぼすでしょう。

第5章

「住み続けられる」団地設計

住宅不足を解消しようと、1960年代半ばから1970年代にかけて大量に供給された日本の集合住宅。それらの多くは設計が古く、バリアフリーではないし、間取りも自由にならない。時代ともに変化するニーズに建て替えずに対応するには、費用を抑えつつ大幅改修が必要だ。躯体と内装を分離して施工することでライフステージに合わせた間取りが可能な「SI型エコインフィル工法」を中心に、いつまでも住み続けるための手法について考察する。

ヨーロッパの住戸空間再生・お仕着せからオーダーへ

フォーブルク団地の住戸改修

テクノプロト 代表取締役 釘宮正隆

一口に団地再生といっても、躯体（共有空間）と内装（個人空間）の両面からの修復再調整を考える必要があるが、とくに内装においてはオランダに好例を見ることができる。経年に対応できる持続可能な団地の姿について、今一度整理してみる。

くぎみや・まさたか
1947年生まれ。株式会社テクノプロト代表取締役。工業デザイナー、住宅部品プランナー

公共環境と私空間

古くなったヨーロッパの団地では、地域全体に大改造を施し、持続可能な、いわゆるサスティナブル団地として再生が行われています。建物の老巧化や住民構成の変化、高齢化、空き部屋増など、多くの問題を団地は抱えています。

団地再生とは、そんなまち、建物と住み手のちぐはぐとなった関係を見直し、修復再調整する手術です。団地の高層棟の一部をそっくり取り去ったり、階数を減らしたりする一方、エレベーターやベランダを付け加えたりします。周囲にできたスペースには緑地や池を配して、図（P147）のようにすばらしい生まれ変わりが実現するのです。全部壊してつくり直す方法に比べて、はるかに無駄のない、賢い工夫です。

住環境を包括的にとらえるオープンビルディングの視点で団地をとらえ直すことで、まちなみ、そして住棟レベル、つまり公と共の領域がどんな形で再生されるかがわかりました。

それでは、私たち住民にとって、もっとも身近な個人の空間では、どんな再生の姿が考えられるのでしょうか。団地に住み続けるには公共の空間環境に増して、私空間に魅力がなければなりません。団地再生のさらに細かいレベルでの工夫を見てみましょう。

空間の形、面積を変える躯体改造

老巧化が問題とされる団地は、住宅の大量供給時代に建てられたもので、画一的な空間を並べた形式がほとんどです。再生のための調査をしますと、そのままの空間では今住んでいる住民の家族構成や年齢になじまず、新たな居住者を補充するにも問題があることがわかります。団地完成時は年格好が同じような入居者で構成されていたわけですから、お仕着せ空間でもよかったのですが、30〜40年も経つとそうはいきません。職業、収入、生活スタイル、多種多様な人々が住むようになっているからです。画一空間は空室増加の大きな理由の一つです。

したがって、再生を機会に、画一的な住戸割りであった躯体に手を加え、空間の形や面積にバリエーションを持たせる工夫が施されます。具体的には、図のように画一並列型の住戸割りの壁や床に、出入りのための貫通口を開けたり、新しい境界壁を設けるなどして空間同士の連結と分割を工夫します。さらには部分増築を行うこともあります。こうして各住民が自分に最適な広さの空間を手に入れることができ、長年培ってきたコミュニティを失うことなく住み続けられるのです。また新たな居住者も入りやすくなり、団地全体が活性化します。

ここまでは共と私にまたがった領域のことで、他人との調整が大切でした。しかし、これから先の内装のことになると、自分の好みを優先できそうですが、どこまでできるのでしょう。

間取りは各自の好みで

生活が豊かになり、情報化のおかげでライフスタイルも多様化するなか、住宅の内装にはますます個人に合わせた内容が求められます。画一的なお仕着せ住宅団地だったのに、積極的な再生手法を用いて居住者ニーズに合わせた内装供給に成功している例がオランダにあります。

ロッテルダム近郊にあるフォーブルグ団地は、民間の住宅組合が運営する階段室型の5階建ての賃貸団地ですが、高齢化時代に合わせた、老若共生に向けた再生を試みました。建物の機能を向上させるためにエレベーターを設置、バルコニーの拡張に合わせて共用階段を更新、1階のトランクルームは高齢者、身障者用の住宅にするといった、かなりの改造再生です。写真でわかるように、新旧比較すると同じ建物とは思えない変わりようです。

さて、問題の室内空間ですが、まず古い画一内装を躯体だけになるまで剥がし去ってしまいます。このような徹底改装を、工事業界ではスケルトン改装と呼んでいますが、ここまでやるとその後の空間活用の自由度が飛躍的に向上します。

構造となっている部分は撤去できず、室内に柱壁状に残りますが、それでも結構自由な間取りがつくり出せるものです。図のように水まわり、居間、キッチンなどを居住者の要望に合わせてしつらえて供給しています。間取りばかりでなく、予算に応じて仕上げグレードも選べるそうですから、皆が住みたがるのもうなずけます。

このような改装は、日本の団地、マンションでもされはじめていますが、ただの解体、やり直しでは真の再生とはいえません。

サスティナブル（持続可能）な内装工法

フォーブルグはオランダのオープンビルディング研究の発祥地でもあり、環境に配慮した内装の工法も積極的に研究実施されてきました。

再生のための内装工法に求められることは、
・短期間で工事が終わる
・騒音が少ない
・誰でもできる（DIYも）
・建築躯体を傷つけない
・将来の間取り変更にも対応できる
・再利用、リサイクルができる
といったことになります。

フォーブルグの場合には、空き部屋が生じて次の入居者が決まるまでの間に、あるいは改修を希望する住戸ごとに、一部屋ずつ工事をする方法で再生してきましたが、取り壊しと並行して設計打ち合わせを行い、新内装の工事は1戸当たり10日ほどで完了するという驚くべき手法が一部に導入されました。速く、本格的な内装を、騒音なしに造るには、どうしても部品を組み立てる方式になりますが、その一つにマツーラ社のインフィルシステムがあります。図でその概要を説明します。

工夫の要は、部品の位置、取り付け固定を規定する発泡スチロール製の床下地タイル、壁パネルを受ける電線格納を兼ねた床レールです。その二つを頼りに、レゴ部品を組むように配管、壁、ドアなどの部品をセットしていけば、熟練なしに、きれいな内装が好きなレイアウトにできるという画期的なシステムです。接着しないので、分解と再組み立てが容易で、いつまでも使いまわしができることが最大の利点です。

将来の改装まで配慮したサスティナブルな内装工法、これが再生のみならず、新築でも導入されるべきこれからの内装＝エコインフィルの方向なのです。

古くなった団地を手術すると　こんなに住みやすいまちになる

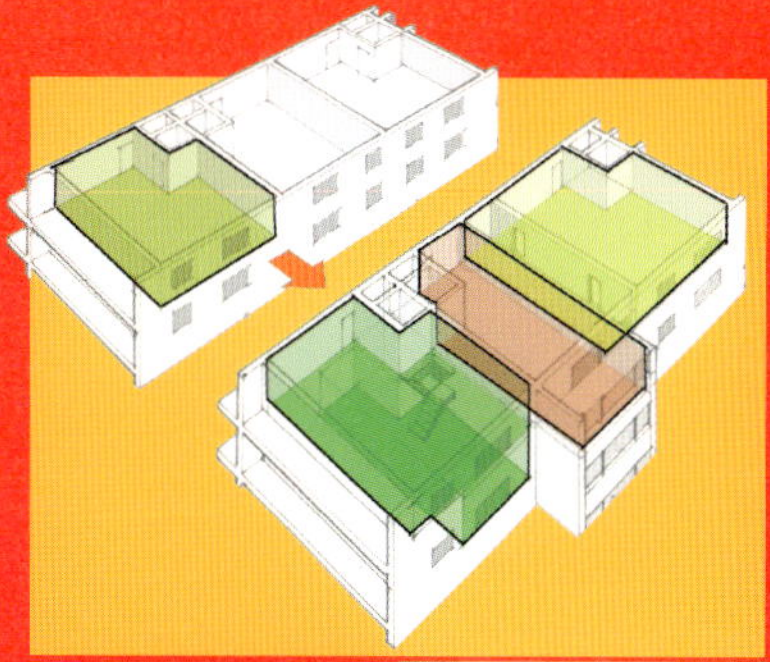

画一型の住戸割りも
バリエーション豊かに

近代的に再生
された室内

フォーブルグ団地の再生

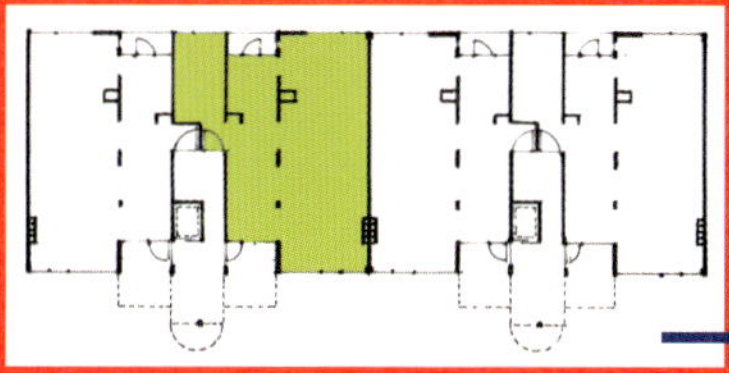

点線部を増設

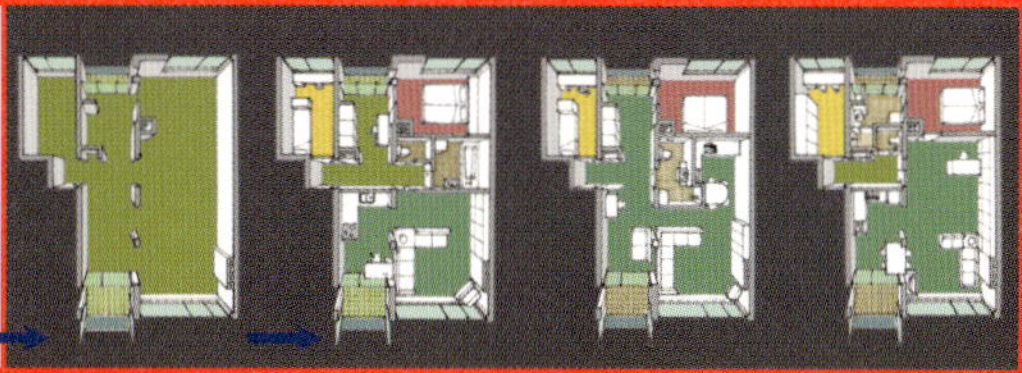

同じスケルトンでも居住者の要望に合わせて設計、施工

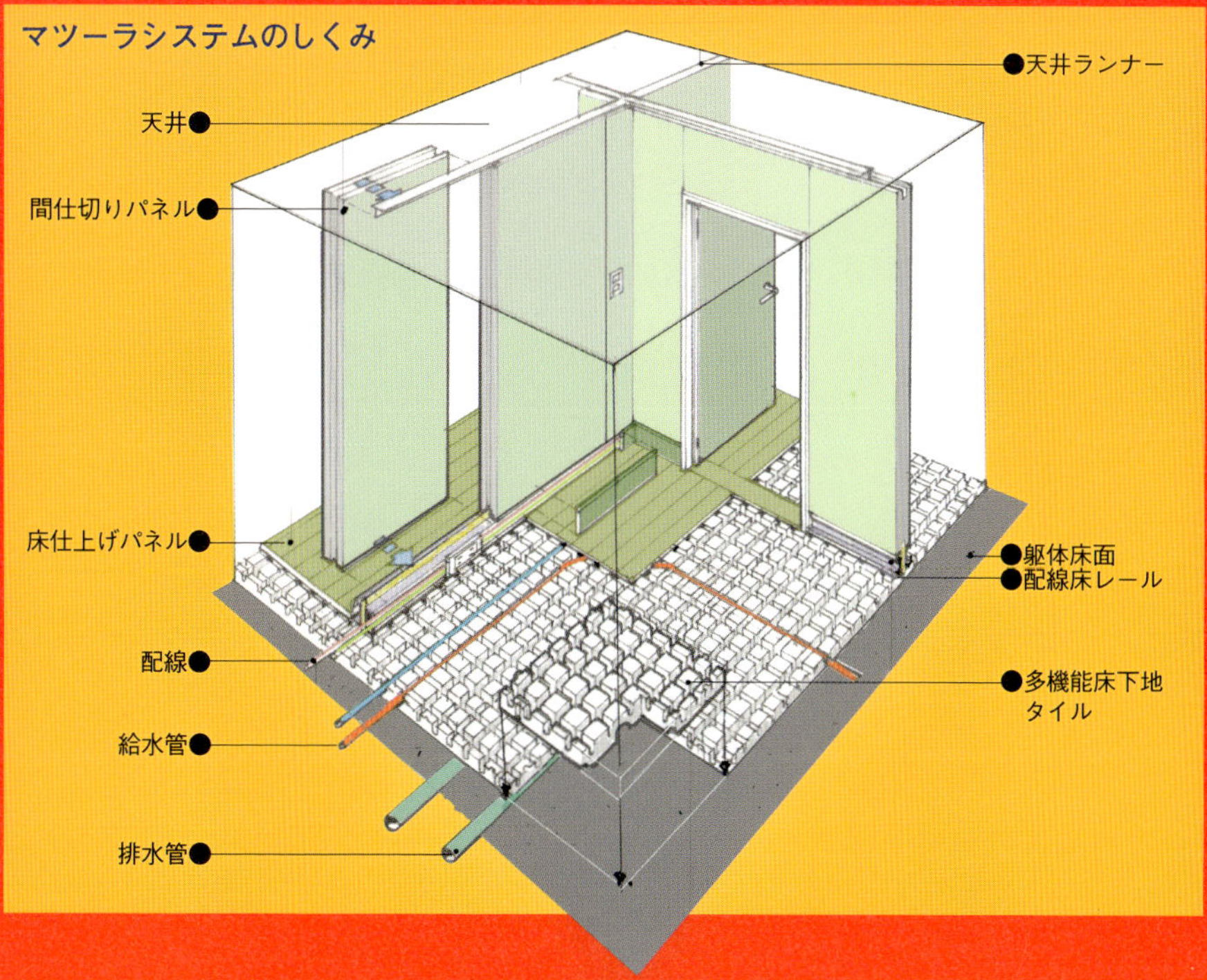

内装の再生はエコインフィル方式で

わが国のSI型エコインフィル

間仕切り壁先行で建てられるこれまでの集合住宅では、部屋割りの変更は非常に大がかりなものとなり、各種の負担も大きい。これを避け、多くの面でプラス要素が高いのが「SI型エコインフィル工法」と呼ばれるものである。まずはその概要を紹介する。

テクノプロト 代表取締役　釘宮正隆

工法で決まる可変性と持続性

団地でもマンションでも、室内をそろそろ本格的に改装しようか、と考えている人は多いはずです。壁紙を張り替えたり、旧式の器具を新しいものに替えるリフレッシュのレベルですと問題は少ないのですが、部屋割りも変えるリフォームとなると覚悟がいります。ちょっと間仕切り壁を移動したいだけなのに、施工費用の見積もりは予想を超えるものになります。なぜでしょう。

実は間仕切り壁だけを動かせるようにできていないからなのです。今、改装時期にきている集合住宅の内装のほとんどは図1（P150）の在来型のように、躯体に対して先に間仕切り壁を建てて、その後に床と天井を張るという方式で造られています。

したがって、間仕切りを撤去すると当然床と天井も壊さなければならず、結果として全面的大工事となってしまうわけです。

解体費と廃材の撤去処分費用だけでも膨大になりますし、分別不能な廃材の環境へ与える負荷も問題です。前項でヨーロッパのサスティナブル（持続可能な）内装工法にちょっと触れましたが、わが国でも同様な工法が採用されはじめています。

建物の長期間変えずに使っていける部分である躯体側要素（スケルトン＝S）と必要に応じて変化させる内装、設備要素（インフィル＝I）を明確に分離させてつくる工法です。その考えにのっとった住宅を総称してSI住宅と呼んでいます。

SI住宅の一つに図1の床、天井先行方式というやり方がありますがリフォームに向いた工法の一つです。図で示すように空間一面に床と天井を先に仕上げてしまい、その後からパネル状や箱状の部品化された間仕切りをはめ込んで区切っていくやり方で、当然間仕切りの移動は自由です。

実際には梁の出っ張りや設備の条件でそのまま実現できるとは限りませんが、とても大きな意義がある改装方法なのです。

SI型エコインフィルへの移行とその意義

前述の床天井先行、後組み込み間仕切り方式をここではSI型エコインフィル工法と呼びます。なぜエコインフィルなのでしょう。図2（P150）で説明します。

現状の在来型壁先行方式の住空間を大改装するとしましょう。当然、床、天井も壊してほとんど構造躯体だけに一度は戻さなければなりません。問題はその後です。

もし、また同じ在来方式で改装すると次の20年後くらいにはまた壊してリフォームすることになりますが、そこでは騒音、多量な廃材、新材料と手間の消耗といった無駄と環境破壊が繰り返されるのです。そんな余裕は多分ないはずです。そこで、左側の新工法に移行する必要が生じるわけです。

床天井先行のベース空間を用意し、そこにインフィル部品を居住者の希望に合わせて組み込んでいってでき上がります。季節、気分に合わせて間取り変更もできますし、何よりも将来の大改装でさえ部品の買い足しや組み替えでほとんどDIY的にできてしまうのですから、無駄がなく、廃材も出ないのでまさにエコロジカルなインフィルといえましょう。これならば、将来にわたって持続的に使っていけます。

インフィル部品は再仕上げ可能で、材料別に分別できるように工夫されているので再利用やリサイクルがしやすく、中古市場も一般化するでしょうから、コスト的にも将来は有利になると考えられていますが、当面は在来工法に比べて割高となるようです。

しかし一度改装を体験すると実に割安な買い物をしたと実感するようです。

エコインフィルは経済性、資源、環境、住環境などあらゆ

図1　工法で可変性と持続性は決まる

在来型壁先行方式

間仕切り壁、収納位置を変更するには床、天井も壊す

SI型床、天井先行方式

間仕切り壁、収納は自由に動かせる

図2　SI型エコインフィル工法への移行

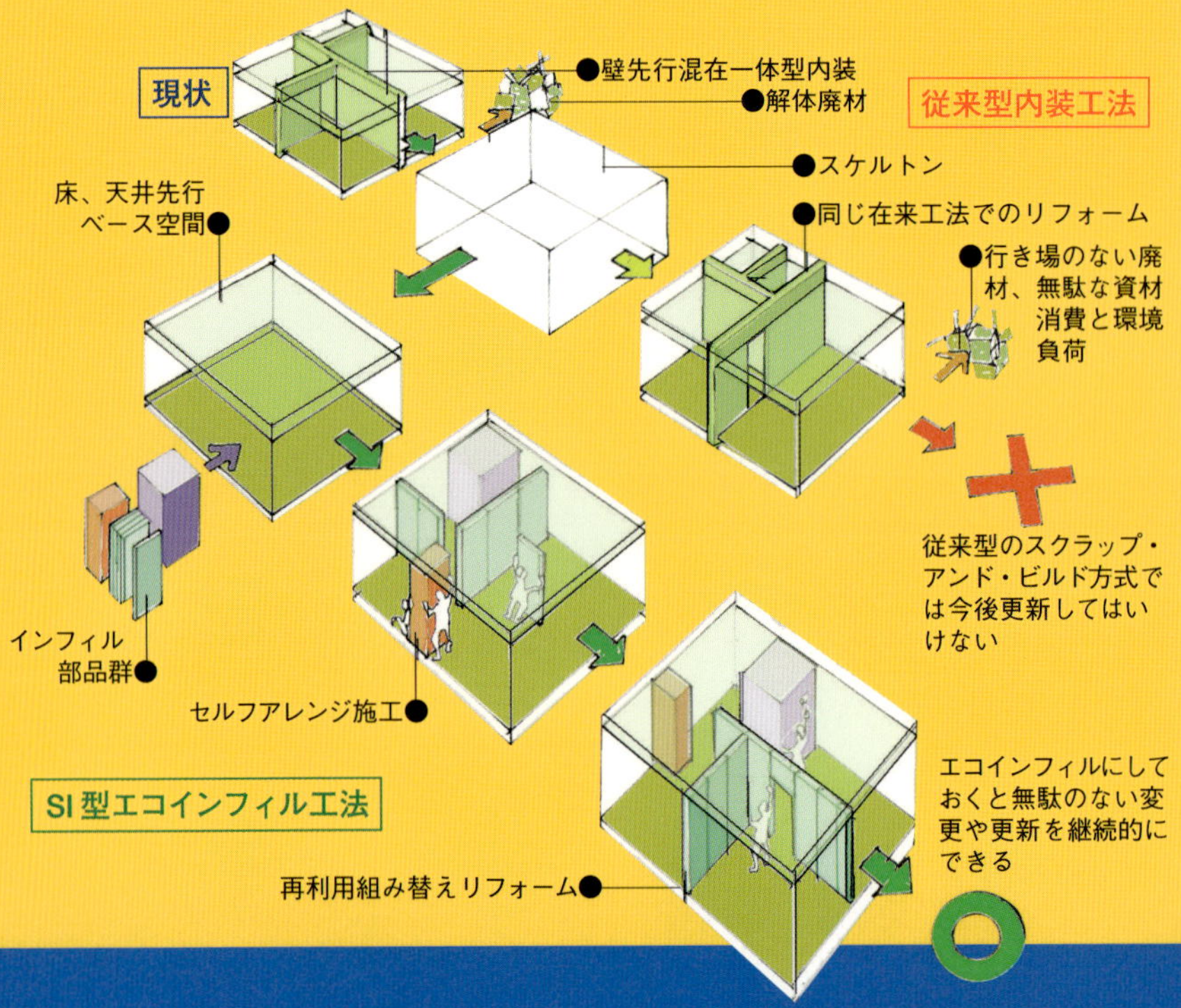

図3　住み手の変化に合わせられる内装

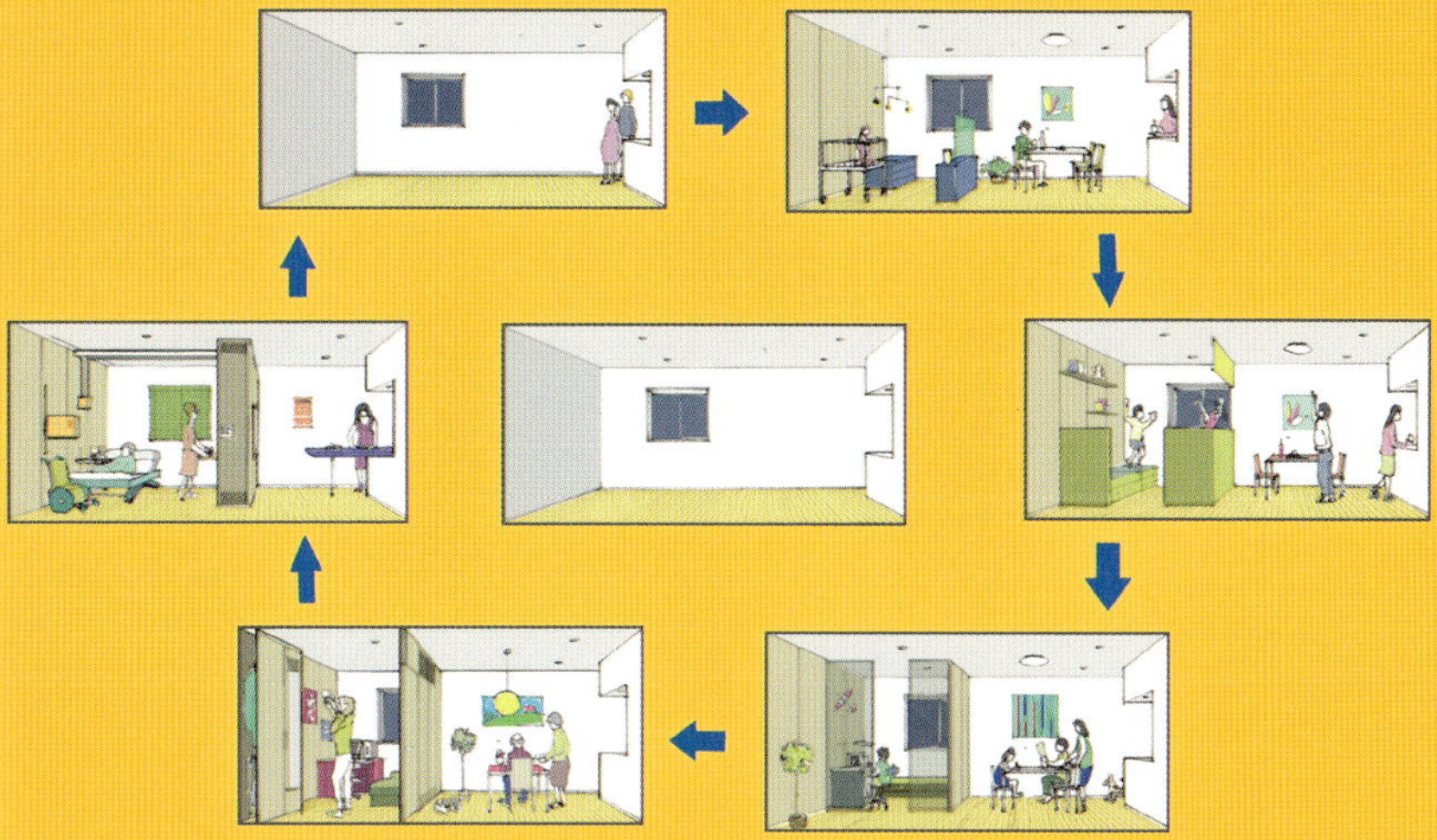

図4　借り手に合わせて仕立てる内装

る面でプラスの意味を持つこれからの内装工法の主役となるでしょう。

エコインフィル住宅は快適空間住宅

将来の資源や環境を配慮して考えられたエコインフィルですが、部品システムゆえの可変性が使用者にとってのもう一つの魅力となります。

インフィル部品は熟練なしで簡単に着脱できるものが多いので、何年かに一度の移動用でも、もっと頻繁に移設して仕切り方を変え、きめこまかく生活シーンを演出したり、家族関係を調節したりすることが可能になります。

また、予算に応じてインフィルを充実させていくこともできますので、住宅の取得が楽になるといった効果もありそうです。

図3（P151）はベース空間に若い家族が入居してから年をとり、そして次の世代に移るまでのインフィルの変化を描いてみたものですが、内装をその時々の住み手のニーズに合わせられることのすばらしさがよくわかります。

また図4（P151）は賃貸住宅のプランを説明したものですが、ここでは時間による変化ではなく、借り手に合わせて室内を仕立てられることの可能性を示しています。

家賃はインフィルの仕様によって決められますし、部品がリースやレンタルなら家主のリスクも少なくて済みます。この辺にもエコインフィルの大きな可能性を読み取れます。

いずれにせよ、常に自分の要望に合わせた空間に住むことが可能となるわけですから、エコインフィルは快適空間システムともいえます。

次項では、さまざまな可変レベルの説明とその空間イメージを具体的に紹介しましょう。

エコインフィルでの空間アレンジ例

可動性、可変性に優れたシステム

テクノプロト 代表取締役　釘宮正隆

持続可能な内装空間を実現する「SI型エコインフィル工法」は、今後の内装の主流になるともいわれている。目的と特徴を解説した前項に続いて、ここでは実際の空間アレンジと予算例を紹介しながら、さらに深くその本質に迫ってみよう。

持続可能な快適内装エコインフィル

床と天井を先に仕上げたベース空間を用意し、そこに部品化された間仕切りなどを着脱可能な方法ではめ込んでゆくSI型エコインフィル工法。それが今後、新築ばかりでなくリフォームでも求められる持続可能な内装の姿です。

それにより前項で説明した、住み手に合わせて変化する内装や借り手に合わせて仕立てる内装といった真に使いやすく、長持ちする空間構成が実現するのです。

本項ではそのエコインフィル部品に関してもう少し具体的に説明しましょう。

部品の種類と可変レベル

エコインフィル部品はこれから発展する分野で、今後いろいろな提案が期待されます。典型事例を形、機能で大別しますと、箱もの収納系・板もの系・設備系があります。さらにそれらの動かしやすさ、組み替えやすさ、つまり可変レベルで分類すると、使用者が簡単に移動できる可動タイプ、使用者または業者が移設、組み替えできる可変タイプに分かれます。形、機能と可変レベルの組み合わせで日常的に変化させることを意図したものから10～20年単位の長期的変更を目的としたものまで多様な商品が考えられています。

床・天井先行工法によるベース空間とインフィル部品群

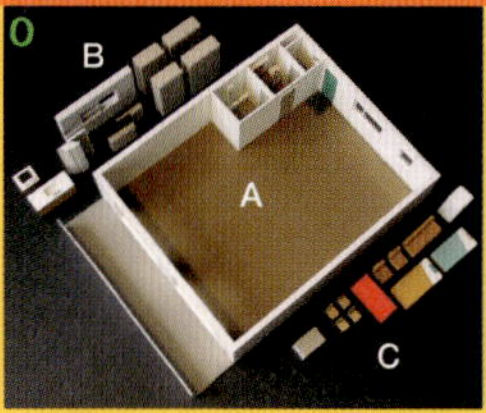

A＝ベース空間
B＝インフィル部品
C＝一般置き家具

予算、家族、生活に合わせてアレンジされるエコインフィル空間

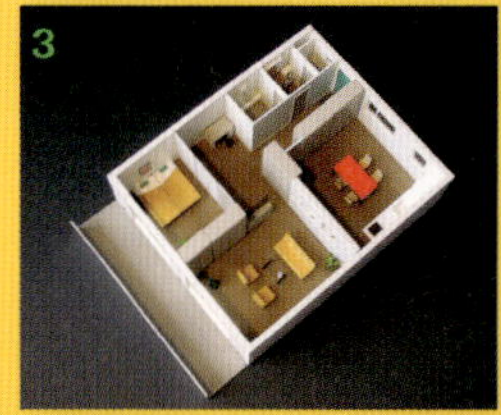

エコインフィルの種類と可変レベル

可変間仕切りパネルシステム
- 一人で持てるサイズと重量のパネルを床と天井の間に建て込んでゆき、好きなレイアウトで間仕切り壁をつくる部品システム
- ドア、通気、採光などの機能パネルが用意されている
- 将来のリフォームが簡単でエコ

可変間仕切り収納
- 天井までの高さのある収納家具で、下からキャスターが出てくるので楽に移動できる。普段は天井に突っ張っているので安全
- 季節や気分に応じた模様替えや、接客スペースの一時的拡大などの比較的に頻繁な移設に適した部品

可変収納パーティション
- キャスター付のサイドキャビネット型の間仕切りで目隠しスクリーンが立ち上がるようになっている
- 毎日の生活の中で頻繁に移動と視線調整をする場面で用いられる

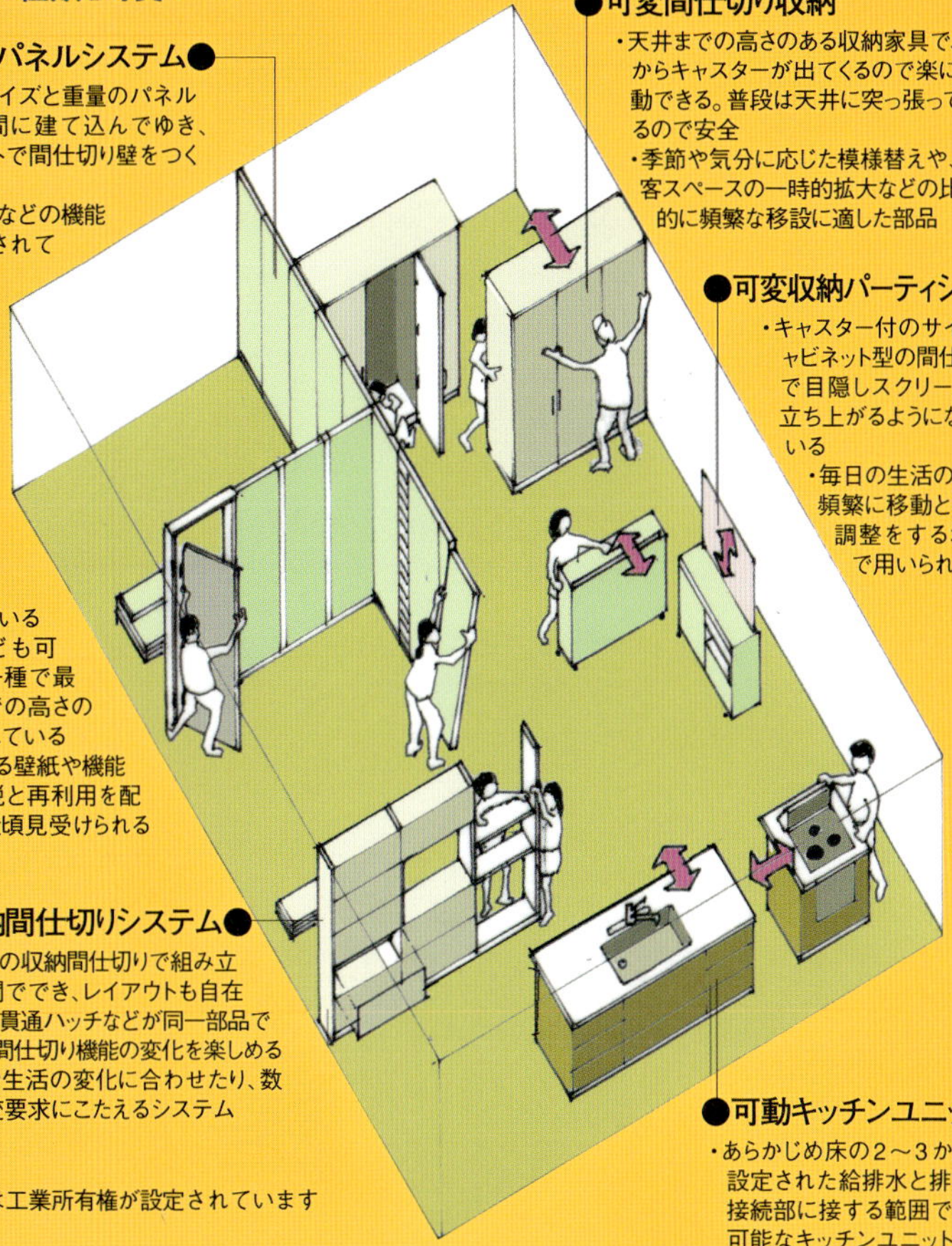

その他
- 昔から使われている障子ふすまなども可動間仕切りの一種で最近では天井までの高さのものがつくられている
- 躯体壁に貼られる壁紙や機能パネルにも着脱と再利用を配慮した製品が近頃見受けられる

可変薄型収納間仕切りシステム
- 本棚程度の厚みの収納間仕切りで組み立て分解が短時間ででき、レイアウトも自在
- 両面扉、片面扉、貫通ハッチなどが同一部品で構成できるので間仕切り機能の変化を楽しめる
- 子どもの成長や生活の変化に合わせたり、数年に一度の可変要求にこたえるシステム

可動キッチンユニット
- あらかじめ床の2～3か所に設定された給排水と排気の接続部に接する範囲で移設可能なキッチンユニット
- シンク部と背面排気型レンジ部が分離できるうえ向きも自由になるので室内アレンジの制約はほとんどなくなる

※事例の一部には工業所有権が設定されています

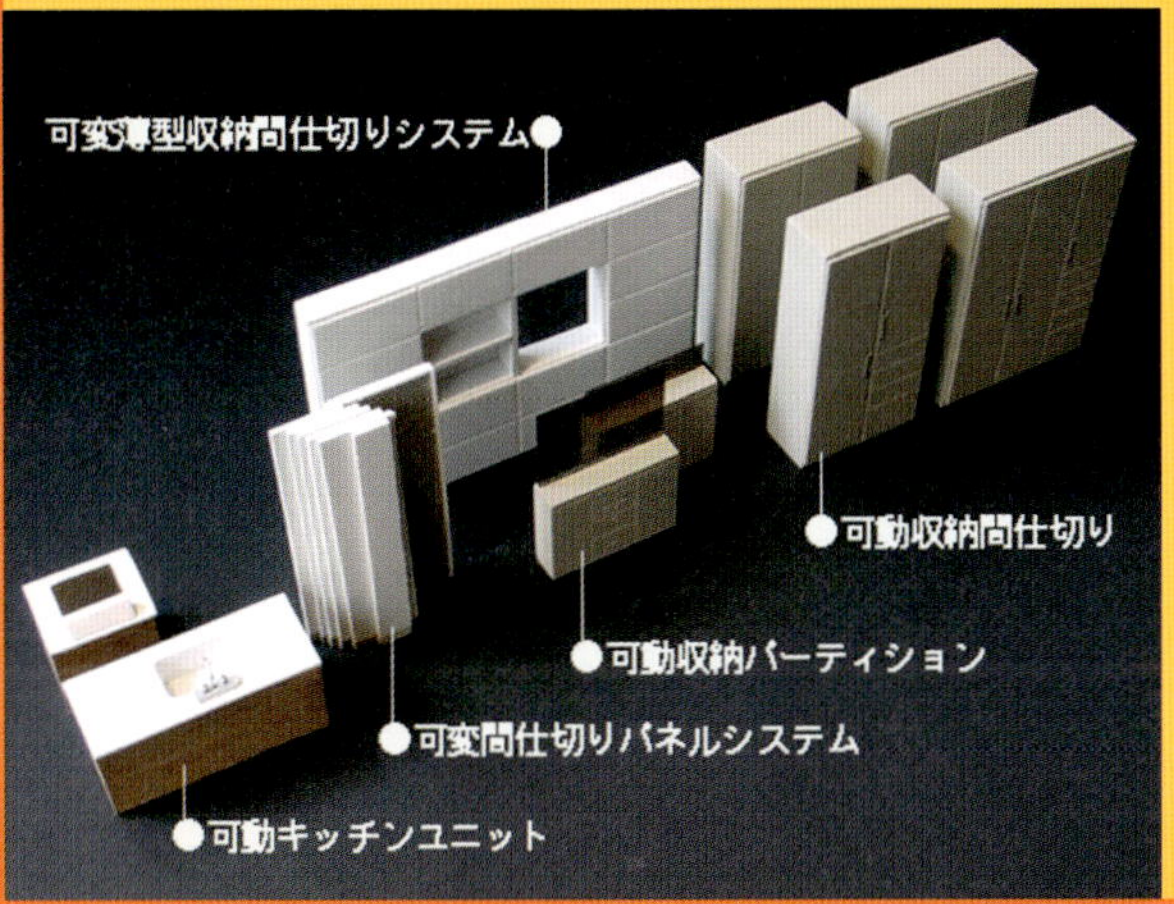

いずれも従来の固定型内装と比較するとその可変性ゆえの大きな魅力と経済性を備えています。具体的な部品イメージを図に示します。

可動性、可変性の意味

もともとは長期的なプラン変更やリサイクルのために分解、移動可能な組み合わせ部品システムとして開発されたエコインフィルですが、その可変性、選択性が短期的にも利用者にとって大きな意味と効果を生んでいます。

具体的には

・設置時に動かしながら最適位置を決められる
・予算に合わせながら内装を成長させられる
・TPOに応じて空間を変化させられる
・大胆な位置変更もDIYならコストゼロ
・不要部品は転売、下取りでリフォームも安く
・変えようと思えば変えられるという精神安定効果
・費用があらかじめ明確に算定できる

などが挙げられます。いったん造ってしまったらその後はどうにもならない従来の内装では不可能なことばかりです。

比較的に短いサイクルで住人が入れ代わる賃貸住宅などでは貸す側、借りる側ともに劇的な問題解決がなされることでしょう。

空間アレンジの可能性

それではエコインフィルの空間アレンジの世界にご案内しましょう。ここでは模型写真で説明します。各シーンがどの角度から撮影されたか判断してみてください。

写真0（以下写真はすべてP154）は最初に用意するベース空間です。このケースではキッチンを除く水まわり設備は固定としてあります。キッチン用の給排水、排気接続口は床下3か所ほどに仕込まれています。業者の工事費用はここで精算します。今後の内装は工事というより家具の購入、設置に近い費用支出です。

写真1は住みはじめたばかりの若い夫婦の室内です。費用を最低限に抑えるためキッチンと間仕切り収納3本、パーティション2本のみのオープンなスタイルで生活しています。

写真2は夫婦に子どもができたので、間仕切り収納2本とドア2本を買い足し、独立した寝室を構成した状態です。

写真3は子どもが出たあと寝室を南側に設け、キッチンを北側に移し、独立したリビングコーナーを確保しています。薄型間仕切りとパネル4本を買い増ししましたが、パーティションは下取りをしてもらいました。パネル間仕切りの採光

スリットが気に入っています。

写真4は別の人が購入したあとの改装例です。２室を安くつくるために間仕切り収納を一部転売して可変間仕切りパネルシステムをレンタルで借りてきました。その後子どもが二人になりましたが写真5のように薄型間仕切りシステムの中古を設置したり間仕切り収納の置き方を変えるだけで生活の変化に対応した快適な生活を送っています。写真1から5まで30年ほどのことです。

費用のイメージを描いて見ましょう。今、仮にキッチンが１００万円、可動収納間仕切りの大が30万円、小が20万円、収納パーティションが10万円、ドアが5万円、パネルが２万円、薄型収納が90㎝幅で10万円とします。

写真1の後設置インフィルが総額２００万円、写真２が写真1プラス60万円、写真3がさらに50万円足して総額３１０万円引く可動パーティション下取り10万円の３００万円といったことになります。

上記は部品代だけで組み立て施工を自分でやった場合で、業者に作業を頼むと手間賃分高くなります。

写真1から3へ１００万円程度で移行できたわけですが、在来工法ではそうはいきません。床、天井も含めて全部やり直しですから数百万円プラス廃材処理費となるか、その前に改装をあきらめることになるでしょう。

大ざっぱかつ理想的にですが持続可能な内装工法ＳＩ型エコインフィルの世界をお見せしました。なぜ内装工法の転換が必要なのか理解していただけたと思います。

模型の世界の絵空事と思われるかもしれませんが、実物も相当進歩しています。

次項はそれらを紹介しましょう。

エコインフィルの実施例

日本でのSI型システムの普及

テクノプロト 代表取締役 釘宮正隆

可変式と可動式に分けられるインフィル方式は、具体的にはどのような商品があるのだろうか。すでに各地の集合住宅で実際に採用されているインフィル部品の主要なものを見ながら、インフィルの効率性を再確認したい。

注目を浴びるインフィルシステム

これまでご紹介してきたこれからの内装〈SI型エコインフィル方式〉。長期間の使用を前提につくられたスケルトン（＝Skeleton：構造躯体）に、時代とともに変化するライフスタイルや個人のライフステージに合わせ柔軟に対応できるインフィル（＝Infill：内装要素）を組み合わせる、住む人にも環境にもやさしいこの方式は、民間はもとより、都市公団の集合住宅などにも使われはじめています。スクラップ・アンド・ビルドを繰り返すのではなく、インフィルの更新によって再生されるエコロジカルなシステムこそ、これからの集合住宅の主流です。そこで今回は、実際に使われているインフィルの一部をご紹介しましょう。

まず最初にご紹介するのはパネ協（日本住宅パネル工業協同組合）のインフィルシステムです。

同社は建具、木工業者などからなる事業組合で、都営住宅や公団住宅といった大量生産型の住宅に対応した施工の合理化、省コスト化のための工業化パネル生産などで培ったノウハウを活かし、現在は環境やバリアフリーに配慮した内装部品も数多く開発しています。内装を構造躯体から切り離してシステム化するインフィルのパーツもその一つです。

当初はどちらかというと生産者側の施工の合理化がその主目的でしたが、現在は居住性やライフスタイルに対するニーズにどう応えるかが重視されています。

動く壁、扉付きの家具

前にも書いたように、インフィルには入居時に設置し、結婚や出産といったライフステージの変化に合わせて間取りを動かす可変式と、来客や趣味の時間などに合わせ居住者が簡単に移動できる可動式に分けることができます。

例えば、前者で代表的なものとしては、「マルチアレンジ」(写真1・P160)が挙げられます。これは、六角レンチとアジャスターでパネルを支えるポールを固定させるもので(図1・P161)、壁を設置するためのレールやガイドも不要です。壁面を小さなパーツに分断し、ドアや採光窓などのアレンジを可能とし、取り回しも楽にしました。居住者自身がDIY感覚で施工することも十分可能です。大きなLDKを一時的に区切ったり、家具の厚みがとれない狭い空間を仕切るのにも便利です。とくに、賃貸住宅の場合は居住者のニーズに合わせて間取りを変更できるため、商品の幅が非常に広がります。

一方、可動式ユニットとしては、ホテルの宴会場などで見かける可動式間仕切りがおなじみですが、その住宅版が開発されています。

さらにその可動性を改良したのが「トールドアユニット」(写真2・以下写真はすべてP161)です。日本のふすまに近い考え方ですが、〈かもい〉をなくして天井の高さまで全開できることが特徴です。内装工事の際に何か所かレールを設置し、入居者は希望の場所にユニットを取り付けます。もちろん、レールはバリアフリーで段差はありませんが、天井からドアパネルを吊り下げて床面のレールを完全になくしたものもあります。

これらは、まさに動く壁。壁面を居住者が自在にアレンジし、朝は開放し夜には閉める、といったライフスタイルを可能にしたのです。

また、部屋を区切る可動式の家具もあります。キャスター内蔵で、約200kgの荷物を入れた状態でも移動が可能です。荷物を出さずに移動できるため、季節や気分に合わせて気軽に間仕切りを変えることができます。

壁パネルと異なり高さは天井までありませんが、それが逆に空間に開放感を与え空調も共有できるなどのメリットを生んでいます。オプションで、家具の背面に引き戸を取り付けることもできます(写真3)。

インフィルも、選ぶ時代へ

さて、こうしたさまざまなインフィルは「シティコート目黒」や「アクティ三軒茶屋」といった最新式の都市公団でも、すでに採用されていますが、いずれも内装パーツとして限られた業界内で流通しているため消費者が直接購入することは困難です。しかし、そうした現状にも少しずつ変化が現れています。

「無印良品」ブランドを展開する株式会社良品計画は、子会社のムジ・ネット株式会社において新しい住空間事業を興しました。その名も「ＭＵＪＩ＋ＩＮＦＩＬＬ（ムジ・インフィル）」。建築構造体としての箱形スケルトンに、これまでの無印良品の家具や収納をインフィルとしたモデルハウスを発表し注目を集めています（写真４）。「住み手が自由に生活空間を編集していく住まい」というコンセプトは、まさにＳＩ住宅の基本です。消費者ニーズに敏感な大手企業の参入によって、インフィルユニットも徐々に消費者が自ら選択し組み立てる時代になっていくことは間違いありません。

さらに、平成14年の法改正により、インフィルの入っていない建物の分割登記が認められるようになりました。超高層マンション「アクティ汐留」と「ラ・トゥール汐留」は、下層階が都市公団による賃貸住宅「アクティ汐留」、45階から56階は住友不動産がスケルトン状態で借り受け、インフィル部分を自前で施工した高級賃貸マンション「ラ・トゥール汐留」として運営を開始しています。

新築物件はもちろん、多くの世帯が世代交代を繰り返しながら暮らしている古い団地の再生計画でも、このような躯体・内装分離方式が非常に効率的であるとして供給が検討されています。次項も引き続きインフィルの実例をご紹介します。

（写真１）可変式インフィルの「マルチアレンジ」

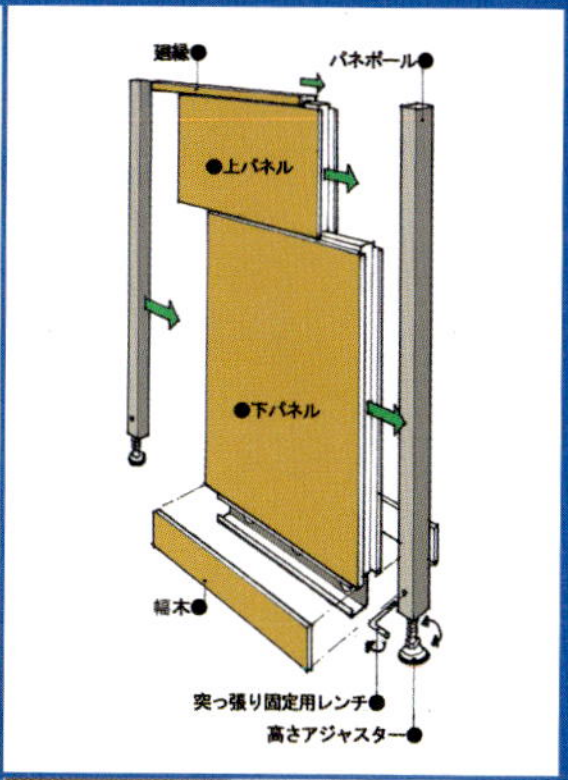

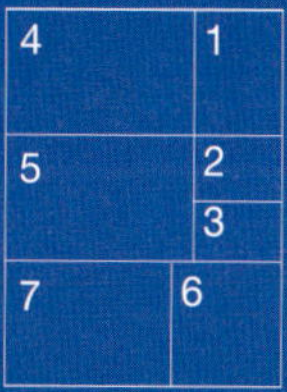

1～3.（図1）マルチアレンジの基本構造。アジャスターで上下に突っ張ったポールでパネルを挟み込んで支えている。ポールの調整はアジャスターと六角レンチ1本で簡単に行える。
4、5.（写真2）トールドアユニット。インテリアに合わせてさまざまなデザインが用意されている。
6.（写真3）移動式家具コロール。背面に引き戸を付けると、奥の空間との行き来も容易になる。
7.（写真4）「MUJI ＋ INFILL」のモデルルーム。若い世代にも共感を呼んでいる。

あなたがアレンジ、エコインフィルの施工

日本のエコインフィル部品

テクノプロト 代表取締役 釘宮正隆

エコインフィルの最大のメリットは、なんといっても自分の好みに合わせて自由にレイアウトが可能なところである。どの程度簡単なのか、また施工の手順はどうなのか、実在の部品を例として、詳しく解説する。

注目されるフレキシブルな住空間

ここ数年、公団のユニークな賃貸住宅が相次いで企画されています。平成17年に全街区が完成した「東雲キャナルコートCODAN」もその一つ。商業施設や公園を配した東京ベイエリアの16haの敷地のなかに、五つのコンセプトによるデザイナーズ賃貸住宅が造られているのですが、〈デザイナーズ〉といっても、たんにおしゃれで贅沢なだけではありません。隈研吾や山田正司といった日本を代表する建築家による、新しい住空間が提案されているのです。大空間に建具や可動式収納家具を多用したフレキシブルな居室レイアウトは、ライフスタイルや世代の変化にも耐えうる持続可能な住宅内装＝エコインフィルの試みともいえるでしょう。少々高めの賃貸料にもかかわらず、入居者抽選の倍率はかなり高く、消費者の志向にもピタリとはまったようです。

畳の部屋をふすまで仕切って暮らす日本の居住空間は、昭和30年に発足した日本住宅公団による2DK住宅を皮切りに、LDKを中心に個室を配した洋風の居住空間へとまたたく間に変化しました。それが再び、大空間を好みに応じて仕切って使う志向へ向かいはじめています。平成16年春、三井ホームでも〈ファミリーコモン〉をキーワードに、家族団ら

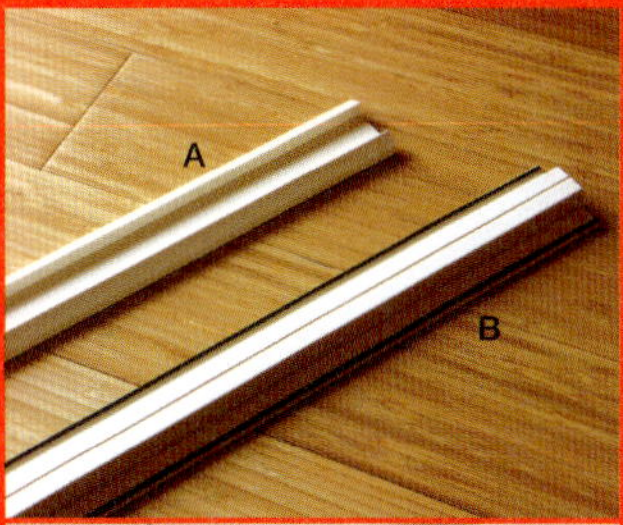

施工前のモデルルーム（写真1）。床ランナー（写真2・A）と天井ランナー（写真2・B）を貼って壁を立ち上げていく（写真3）。

んや子育ての観点から、広いリビングを自在に区切って互いの気配を感じながら暮らす家を発表しました。

そこで「東雲キャナルコートCODAN」にも採用された可動式収納間仕切り〈スペースキャニスタ〉などを手がける大信工業株式会社の最新エコインフィルをご紹介します。

電気配線も可能な可変個室スペース

大信工業株式会社は、樹脂製内窓のトップシェアを誇る樹脂押出成型加工メーカー。その技術力を活かし、防音やシックハウスなども考慮した本格的な間仕切りを開発しています。通常、大空間を自由に仕切るパネルシステムには、気分に合わせて簡単に移動できる可動式タイプと、ライフスタイルの節目などに応じて移動させる可変式タイプがありますが、現在開発中の「スペースウォール」は後者のタイプ。厚さ50㎜、幅600㎜、高さ約2400㎜を基本とした数種類のアジャスター付き壁パネル、ドアユニット、壁の上下を固定するランナー、アジャスター部分を隠す配線幅木などが主なパーツです。

さっそく、何もないモデルハウス空間（写真1）に、ドア付きの個室を組み上げる手順を見せていただきました。壁パネルは天井と床に貼るランナー（写真2）に沿って立ち上げていきます。ランナーの固定には特殊なマジックテープや両面テープを使い、撤去後も床や天井に傷は残しません。間仕切りの場所を決めたら、ランナーが曲がらないよう注意して貼り、壁パネルを1枚ずつ取り付けていきます（写真3・P163）。アジャスターを締めるドライバーと脚立さえあれば、難しい作業なしで組み立てられます。騒音もほとんど出ません。

垂直に立てた壁パネルは、アジャスター（写真4）をドライバーで回し締めることで上下に突っ張り固定されます。壁パネルの側面の溝にアルミ棒をかませることで、隣り合う壁パネルをしっかり固定し、防音性、遮光性も強化（写真5）。パネルの内部はミツバチの巣と同じ、軽くて丈夫なハニカム構造で、さらに強度をアップしています。

壁と壁が接する角部分にはL字型の柱、ドアユニットには欄間とドア枠が用意され、壁下の幅木のなかには配線用のスペースが設けられています（写真6、8）。レールなどを利用して日常的に動かす可動式間仕切りとは、この点が大きく異なります。子どもがぶつかってもびくともしない安定性を保ち、壁に電源スイッチやコンセントを取り付けられるため、独立した個室としての機能性も非常に高く、開放的な間仕切りから落ち着いた個室スペースまで自在にアレンジできるのです。さらに、個性的な空間を演出する採光スリットのオプションパーツも揃っています（写真9）。

自分で間取りを決めるアレンジ イット ユアセルフ

現在、このシリーズは住宅メーカーや大手デベロッパーが自社物件用に採用し、入居者の意向に沿って施工してから引き渡すのが原則だそうですが、今回の組み立てに必要な時間は大人二人で3時間程度が目安。思ったより、ずっと簡単な作業でした。

日本でも自分で家具や建具をつくりたい人は増えていますが、広いスペースと熟練を前提とした欧米型の本格的なDIY（ドゥ　イット　ユアセルフ）は、わが国では多少、無理があるようです。むしろ、レイアウトや色などの仕様設計は自分で発注し、施工は業者に任せる、AIY（アレンジ　イット　ユアセルフ）が今後の日本における内装づくりの主流になるかもしれません。

これまで毎回つくり直していた内装も、パーツのリサイクルやリユースができれば寿命が長くなります。「スペースウオール」のように、自分の生活に合わせて変化させられるエコインフィルの発想があれば、多くの人が数世代にわたって利用する集合住宅や賃貸住宅でも、自分好みの環境にやさしい空間を手に入れることができるのです。

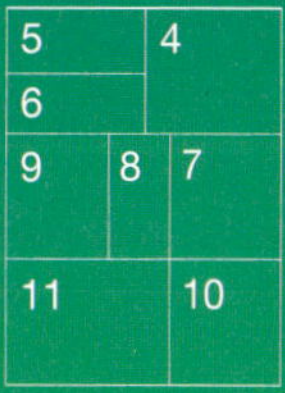

- 壁の下部にあるアジャスター(写真4)、壁の間にかませるアルミ棒(写真5)、コード配線スペースのある幅木(写真6)。細やかな配慮がなされた個室は、約3時間ででき上がる(写真7)
- ドアユニットが付くと、可変式の間仕切りとは思えない立派な仕上がりに。わかりにくいが、ドア枠の左側の壁には照明器具用の電源スイッチがある(写真8)。採光スリットには、透明タイプ、透光不透視タイプ、通風調整タイプなどが用意されている(写真9)
- 「東雲キャナルコートCODAN」のモデルルーム(写真10、11)。左手の収納が〈スペースキャニスタ〉。女性でも一人で移動できる。「スペースウォール」との組み合わせでさまざまな空間が創出できる

10年後の生活、100年後の社会をつくる

Sーシステムの可能性

テクノプロト 代表取締役 釘宮正隆

これからの住宅は、生活の多用なニーズに対応でき、
しかも環境に優しいことが強く求められる。
都市再生機構・都市住宅技術研究所の展示では、
将来を見据えた新時代の住宅に関する最新技術を学ぶことができる。

エコロジカルな技術でユニバーサルデザインへ

５項にわたりご紹介してきた、〈ＳＩ型エコインフィル〉住宅。ヨーロッパでの先進事例に倣って、わが国でもさまざまな試みが始まっていることを実感していただけたのではないでしょうか。１００年の使用に耐える堅牢なスケルトン（＝Skeleton：構造躯体）と、個人のライフスタイルに応じて変更できるインフィル（＝Infill：内装・設備要素）によって実現する持続可能でエコロジカルな住まいは、一人ひとりの生活に優しいユニバーサルデザインの住まいにもつながります。とくに、床中心の和風の生活空間かイス中心の洋風の生活空間か、どこにトイレやお風呂を置くか、といったライフスタイルの自由度は重要な項目です。たんに間仕切りを変えるだけでは実現しにくいこうした要素も、〈ＳＩ型エコインフィル〉住宅ならスムーズに対応できるのです。

都市再生機構（旧都市基盤整備公団）では、21世紀型集合住宅の条件として次の五つの要素を挙げています。高齢者や子どもにも暮らしやすいこと、ブロードバンドなどのＩＴに対応できること、生活の場全体がバリアフリーであること、屋上緑化などで環境・省エネルギーに貢献でき、住み手の多様なニーズにかなう長寿命なＫＳＩ住宅（公団型ＳＩ住宅）

であること——。こうした指針に基づき、平成15年以降に建てられた都市再生機構の集合住宅には、目に見えない部分にも最新の技術が取り入れられています。そこで、こうした最新技術を都市再生機構・都市住宅技術研究所で見せていただきました。

可変配管で水まわりも楽々移動

都市住宅技術研究所は東京都八王子市にあります。よりよい住まいづくりの技術開発を目的に、KSI住宅をはじめ、シックハウス対策、耐震、居住性の向上などさまざまな視点から敷地内の各実験施設で民間企業と連携しながら研究されています。これらの技術は、一部モデルハウスとして公開され、予約をすれば一般の人も見学できます（*）。

都市再生機構ではインフィルを二つの考え方で区別します。主に事業主が施工するインフィル1は、給排水設備や電気・ガスなどの配管系、スケルトンの表面仕上げに属す壁、床などで施工性と再可変性が重視されます。

それに対して、インフィル2は居住者が好みに応じて設置・移動する部分で、DIY性とデザイン性が重視されます。前項でご紹介した可動式間仕切りパネルなどは、インフィル2に当たります。

さて、ライフラインに関する技術を象徴するものとして、モデルルームには可動式収納のようにそのまま移動できる可動キッチンシステムが展示されていました。

このシステムの秘密は床と配管にあります。旧来の集合住宅では給排水管は直接居住者が手を加えられない形で組み込まれていて、それを移動させるには大規模な工事が必要でした。また、フロアごとに水まわりの位置を変化させることも不可能でした。しかし、KSI住宅では、こうした給排水本管を部屋の外部に集約し、排水ヘッダー（写真4・P168）というコネクターを介して室内の床下に配管します。つまり、ヘッダーから先の各戸専用の床下配管の位置変更だけで、水まわりの移動が可能なのです。流しの下には排水タンク（写真3・P168）があり、バルブで床下の配水管とつなぐようになっています。

床や天井にもさまざまな工夫があります。テープケーブル工法による電気配線（写真5・P169）は、天井にシールのような電線をじかに貼り、その上にクロスを貼って仕上げるため、配線のための天井裏が不要になります。また、床の仕上げもファスナーや特殊な糊で簡単に着脱できるようになっていて、排水管位置を移動する場合も必要な部分だけ取り外して施工することが可能となったのです（写真6・P169）。こ

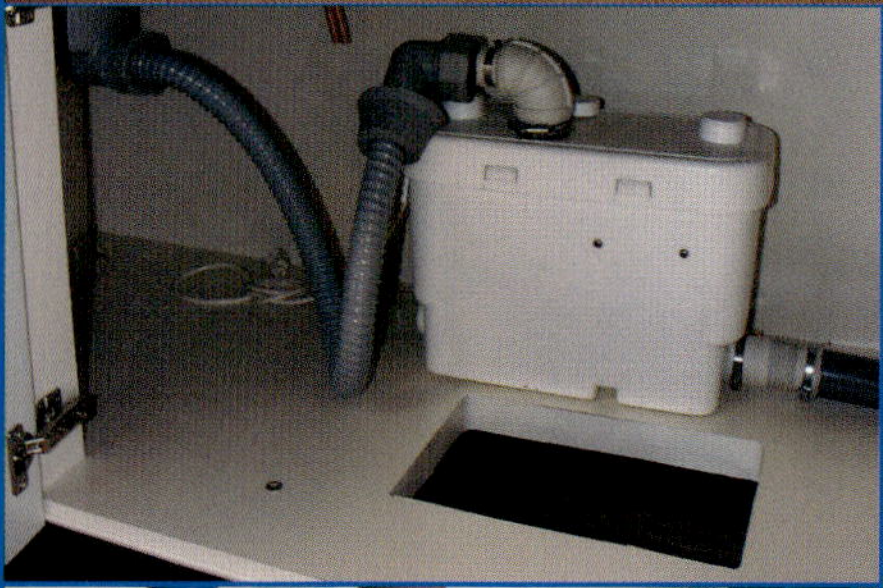

1. （写真１）都市再生機構・都市住宅技術研究所のモデルルーム
2. （写真２）可動式キッチンは吊り棚、シンク・ガス、収納が一体化
3. （写真３）流し下にある排水タンク。床下の配管とここで切り離す
4. （写真４）排水ヘッダー。各階の通路側の室外に設置され、ここから各部屋に配管する

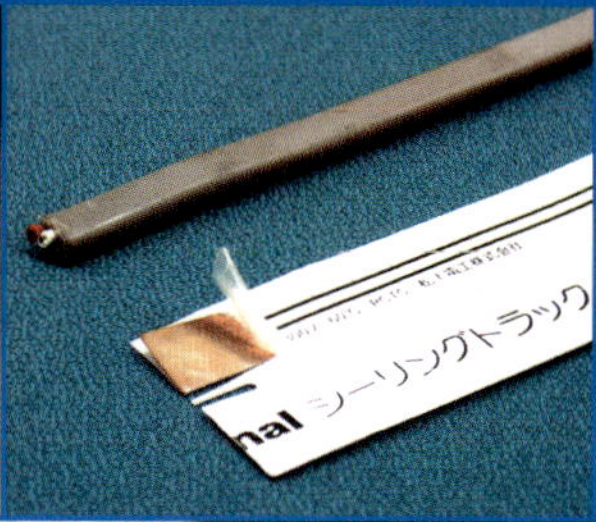
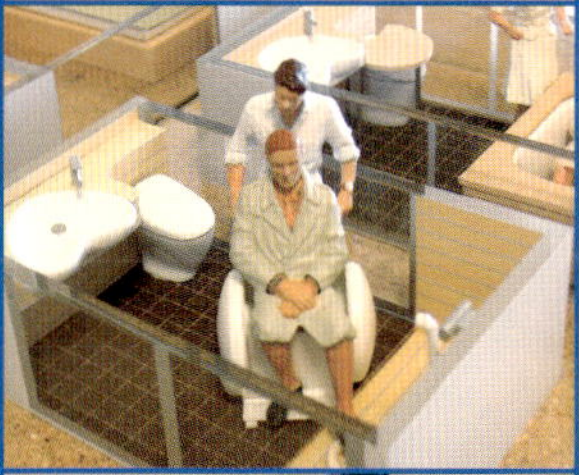

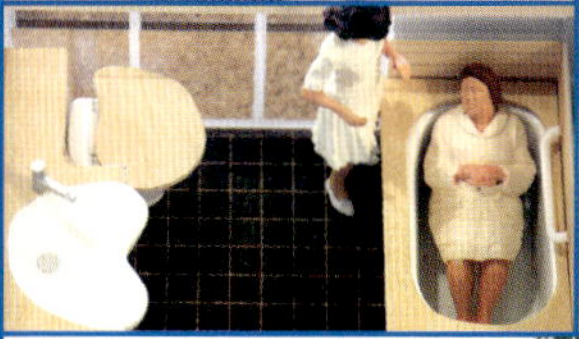

7	6	5
9	8	
10		
12		11

5.（写真5）従来のケーブル（上）と、テープケーブル（下）　6.（写真6）フローリングパネルは、簡単に着脱できる　7.（写真7）薄畳のパーツ。素材感や色味もバリエーションに富む

8.（写真8）都市再生機構が提案するユニバーサルデザインの取り組み「楽隠居」インフィル（東京大学松村研究室との共同開発）。左が給排水の設備がある可変スペースで、陶芸などを楽しむ。右側は寝室

9.（写真9）「楽隠居」インフィル、車イス仕様　10.（写真10）「楽隠居」インフィル、入浴介護仕様

11.（写真11）「楽隠居」インフィルの実施例。木製の浴槽はふたをすれば縁台のようになり、友人たちとの語らいの場に

12.（写真12）都市住宅技術研究所。「KSI住宅実験棟」以外に、「すまいと環境館」「居住性能館」「環境共生実験ヤード」「地震防災館」「集合住宅歴史館」などがある。ホームページhttp://www.ur-net.go.jp/rd

のシステムは、和室を洋室に仕様変更する際にも有効です。当初の公団で和室の生活に馴染んだかたは、建て替え後も全室和室を望む場合が多いそうです。しかし、時代のニーズを考えれば洋室に切り替えたいといった場合でも、簡単にフローリングを同じ厚さの畳に張り替えられれば居住者の要望を優先することが可能となります。

時代の流れに柔軟に対応する住まい

配管などのライフラインの自由度が上がると、具体的にはどんなことが可能になるのでしょうか。

例えば、これまで集合住宅の水まわりは、なるべく北側の一角に集約させるのが鉄則でした。日当たりのよい南側に大きなスペースをとると、リビングなどの居室を確保できるからです。

ところが、ここにきてそうした画一的な間取りにも見直しが求められています。日当たりのよいリビングに、入浴やトイレ設備もうまく取り込めれば、高齢者やその介護にはより快適な空間となります。また、最近は大きなシンクや水を流すことができる床を備えたサンルームが流行です。日当たりのよい部屋で、ガーデニングや工芸などを思いっ切り楽しむ、そんなライフスタイルの到来にも、自由度の高いＳＩ住宅なら臨機応変に対応できるのです（写真8〜11・P169）。

都市再生機構でのこうした取り組みは壁や床の向こうに隠され、現在の居住者には直接メリットにならないものも多いのですが、何十年か後の建て替え時には大きな力を発揮するはずです。老朽化した集合住宅の再生におけるさまざまな問題点も、高度な可変性がある集合住宅なら夢や楽しみに変わります。

来る集合住宅総再生時代に備え、皆さんも〈ＳＩ型エコインフィル〉住宅の先端技術を、ぜひじかに体験してみてください。

＊株式会社テクノプロトに関する、見学予約・問い合わせは、
電　話：03-5778-4773
Eメール：info@t-proto.co.jp
URL：www.t-proto.co.jp/およびwww.ecoinfill.com

建て替えずにできるバリアフリー

エレベーター・廊下の改修と設置

市浦ハウジング&プランニング 専務取締役 西村紀夫

老朽化した集合住宅の処理は、公共、民間を問わず、差し迫った急務となっている。コスト面でも環境面においても、これまでのように取り壊して建て直す方法では対応が困難である。そこで、団地再生の新システムを紹介しつつ、時代に応じた再生事業を考える。

団地再生は社会の再生事業

わが国の集合住宅は、戦後の急激な経済発展に伴う社会的な要請を受け、昭和40～50年代をピークに大量に供給されました。その主な担い手であった公共住宅のストックは、現在、約218万戸（2003年度）。そのうち約4割に当たる82万戸が昭和40年代に整備されたものだといいます。そして、今後これらの住宅が一斉に更新時期を迎えます。この膨大な老朽化集合住宅をどう処理していくのか、という差し迫った問題は、そのまま民間の集合住宅にも当てはまります。

老朽化した集合住宅は、取り壊して新しく建て直すのがこれまでの考え方でしたが、近年はそれにかかる費用、取り壊した際に出る大量の廃棄物などの問題の方が大きく、なんとか延命処置を図れないか、という考え方が主流になっています。

そこで、問題になるのは単純に建物を再生する技術だけではありません。高齢化に伴うバリアフリー対策（主に段差解消）、生活レベルの向上による水まわりや居室スペースの充実、省エネや免震の対策、駐車場や公用スペースの確保など、居住者の変化、時代に対応した住まい方、さらにはまちや社会とのかかわり方までを視野に含めた「再生」事業が必要となってくるのです。

階段室型住棟におけるエレベーター設置例

図1は改修前。図2は廊下を増築せず踊り場にエレベーターを設置した例。半層昇降は解決しない。図3は階段を改修し踊り場連絡通路とした場合。図4は廊下を増築し階段はそのまま

図1　EV設置位置

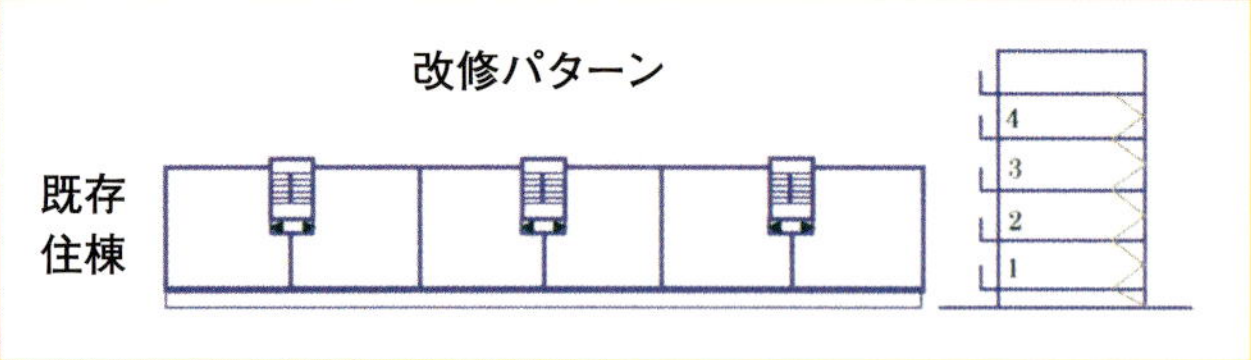

図2　階段室踊り場設置

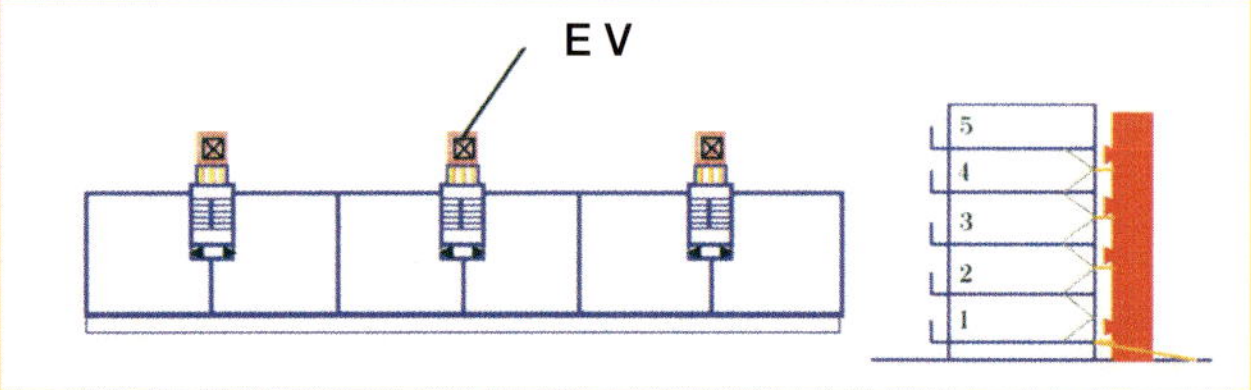

図3　踊り場設置（連続通路設置型）

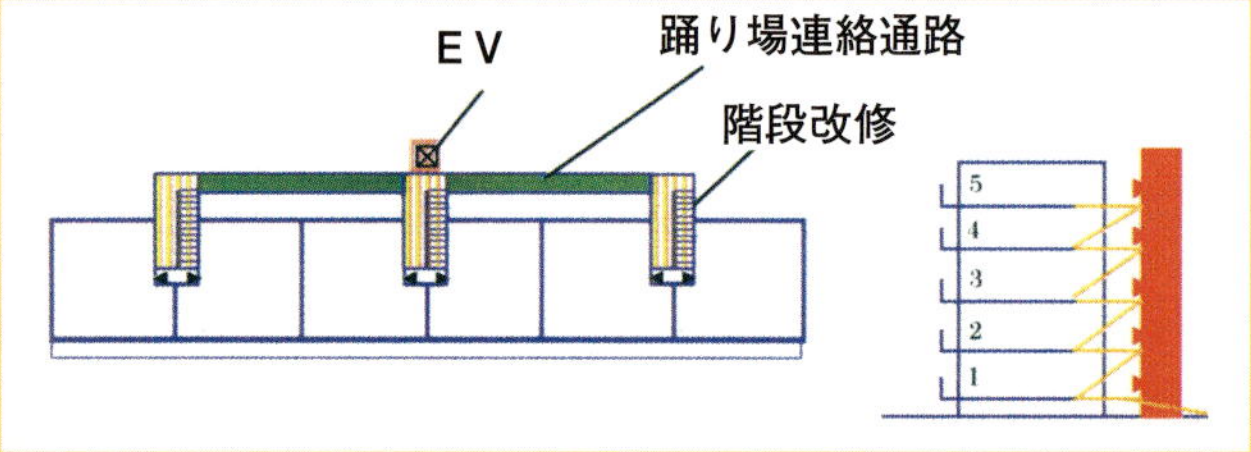

図4　廊下外側設置

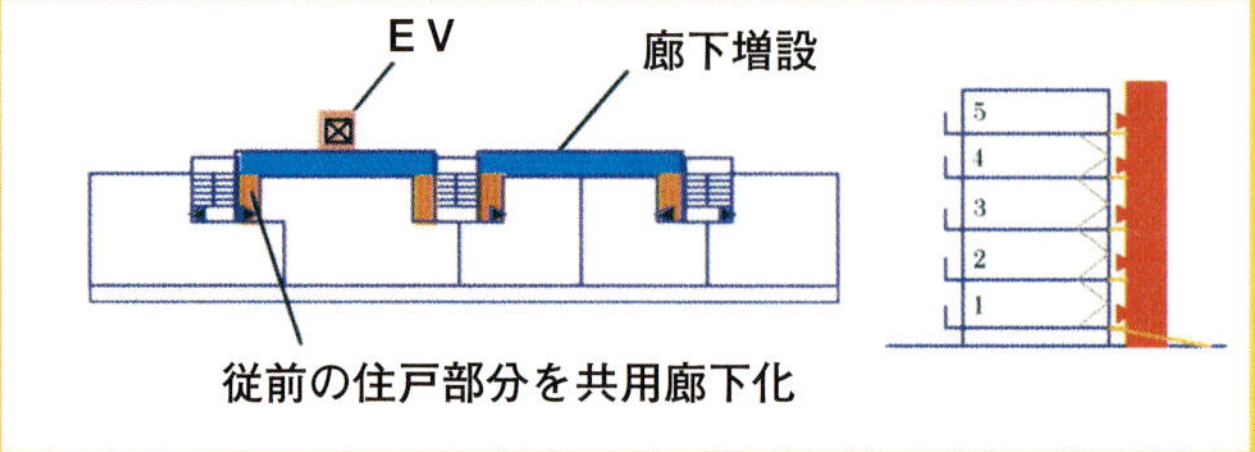

HCシステムの概念図

既存住棟の屋根にハングビームを取り付け、階段や通路を吊るし、エレベーターを設置する

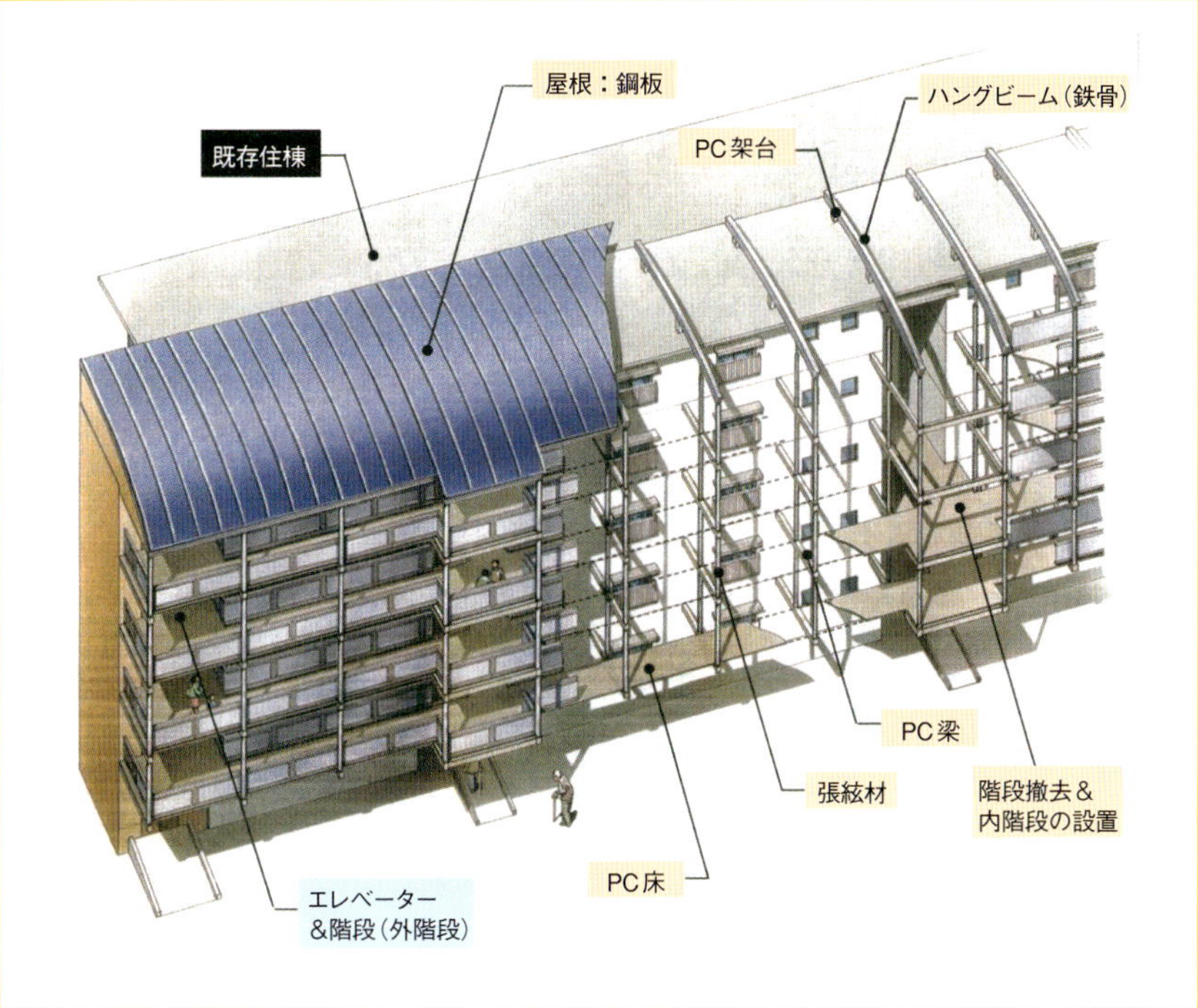

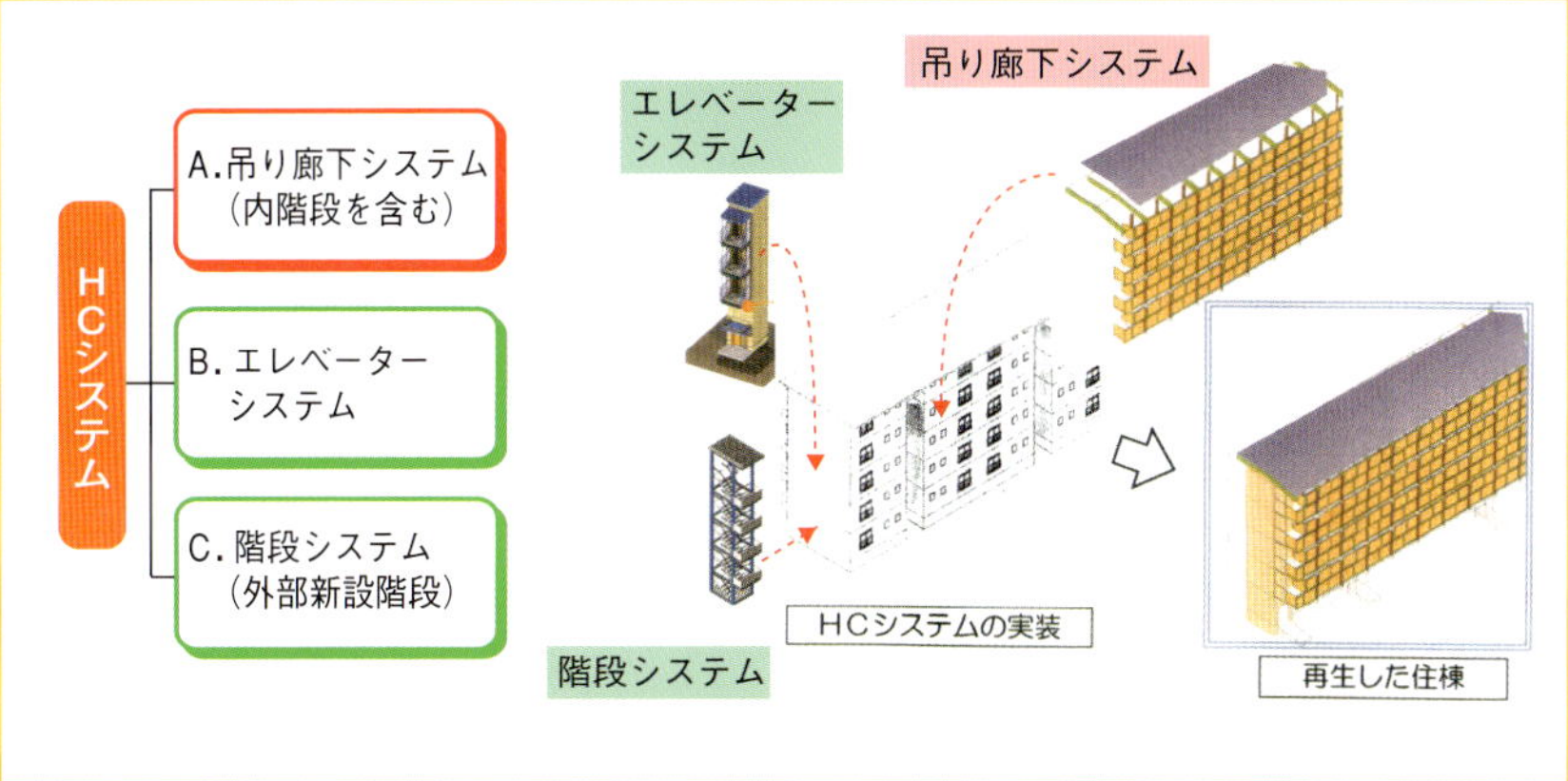

それでは、私が実際にかかわった集合住宅の再生事業なども取り上げながら、わが国における「団地再生」について考えてみたいと思います。

行政も動き出したエレベーター改修

高齢化問題は団地にとっても大きな問題です。東京都を例に取ると、都営住宅の入居者のうち約2割が65歳以上の高齢者だといいます。夫婦または単身の高齢者のみの世帯が約40％に達する団地もあります。しかし、昭和40年代に建てられた都営住宅の多くは4～5階建てで、エレベーターが設置されていません。このような問題を解決するには、どのような方法があるのでしょうか。

国土交通省では1998年より〈公営住宅ストック総合改善事業〉として補助制度を設け、そうした公営住宅にエレベーターを設置する事業を推進しています。エレベーター自体も改修用のローコストなものが開発され、併せて室内のバリアフリー化も行っています。しかしながら、工事中には居住者の仮移転などの措置も必要で高齢者には大きな負担となっています。しかも当時の集合住宅に多い2世帯で一つの階段を共有する階段室型住棟（図1・以下図はすべてP172）の場合、踊り場にエレベーターを着床させるため、玄関からエレベーターホールまで半層分の階段が残り、バリアフリー改修としても不完全なものとなってしまいます（図2）。工事費だけで一基600万～1000万円程度（外構など付帯工事は除く）ですから、建て直しと比較すれば、コストはずっと安く済みますが、補助適応外の民間住宅が採用するには、必ずしも満足できる方法ではないでしょう。

通路増築？ 階段改修？ 階段室型住棟の選択肢

エレベーターの設置だけを考えれば、エレベーターを着床させるフラットなスペースが各世帯の玄関側にあればそれほど難しい問題ではないのです。例えば片廊下型住棟なら、廊下に1住棟1基のエレベーターを設置することで、比較的コストもかけずに改修を行うことができます。しかし、階段室型の構造で完全にバリアフリー対策を行うためには、従来の階段室を改修して外側に踊り場連絡通路を設置したり（図3）、階段をつなぐ廊下を付けたり（図4）する必要があり、非常にコストがかかります。階段室に関していえば、PC工法といって、あらかじめ階段部分を工場でつくって現場で取り付ける工法を使っている場合があります。この場合は、階段室の撤去が比較的楽にできますから、構造がわからない場合は専門家に見てもらうとよいでしょう。

また、エレベーター室部分を増築するには基礎も必要です。当然、住棟周辺の地下部分を掘り下げることとなり、配管や外構工事のやり直しが付帯工事として追加されます。さらに、5階建て程度の住棟の場合、1、2階の居住者からはエレベーター改修費用の負担に対する同意をえにくい問題もあります。集合住宅改修の難しさは、こうした点にも現れるのです。

吊り下げ式通路で難問を見事解決！

このような状況を踏まえて、より低コストで合理的な団地再生技術の研究も進んでいます。私たちが新日本製鐵株式会社と共同で開発している「HC（Hung Corridor）システム」もその一つです。これは、前出の「中層階段室型住棟」を再生するために開発したシステムです。重い鉄筋コンクリート造の階段室を撤去し、階段と共用通路を軽い鉄骨造で新設します。改修前後の建物の重量がほぼ同じなので、既存の住棟の構造負担をできるだけかけずにバリアフリーを完全に実現します。階段や通路を屋根から吊るすため、基礎工事もそれに付随する屋外配管や外構の工事も必要ありませんから、コストも抑えられます。エレベーターが必要な上層階にだけ通路を設置したり、ベランダ側に構造材を吊るして、サンルームなどを増設することも考えられます。

また、構造面だけではなく、吊り下げ構造の上部に屋根を付けることで、外観を一新させられる景観上のおもしろさもあります。このシステムは財団法人ベターリビング「21世紀の住空間をささえる部品開発コンペ」でも入賞し、2004年の末には最初の試作住宅が千葉に完成しました。

エレベーターの改修は高齢化という社会的要素が背景にあります。団地再生は昭和30～40年代と現代との間にある、社会的価値観のギャップを埋める作業でもあるのです。自家用車の普及や少子化なども団地再生に無関係ではありません。

外側に通路を取り付けた改修例。出っ張った部分がエレベーター室となる

解体設計という技術

アスベスト問題と資源循環を考える

明治大学 理工学部 助教授　小山明男

こやま・あきお
明治大学理工学部助教授。研究テーマは、リサイクル建材開発、建設廃棄物一元化処理システム開発など

住宅においてさまざまな場所に使用されているアスベストは、私たちの身近な問題としてとらえなければならない。それに伴って、建物を解体する場合は解体の計画を立案し、資源として循環させることも重要であろう。

アスベストは共通の問題

アスベストは人体に対し中皮腫などの健康障害を引き起こす原因となることから、新聞やニュースなどでアスベスト問題として取り上げられています。

アスベストは、私たちの居住空間に使われており、決してアスベスト製品の工場で働く人たちだけにかかわる問題ではありません。

ここでは、住宅において使用されているアスベスト製品やその対処方法について述べようと思います。

法規制の遅れ

アスベストによる健康被害自体は、50年近く前から懸念されていました。30年ほど前にＷＨＯ（世界保健機関）がアスベストに対する懸念を認め、欧米では生産を中止するようになりました。しかし日本では、製造業者に零細企業が多いなどの配慮もあって規制が遅れました。つまり国の判断がまずかったといわざるをえません。しかし、これからアスベストによる被害はもっと増えるだろうというなかで、重要なことは誰の責任かといった犯人探しをするのではなく、いかに被害を抑制するかを考えるべきです。その意味では、アスベス

図1　アスベストの輸入量変遷

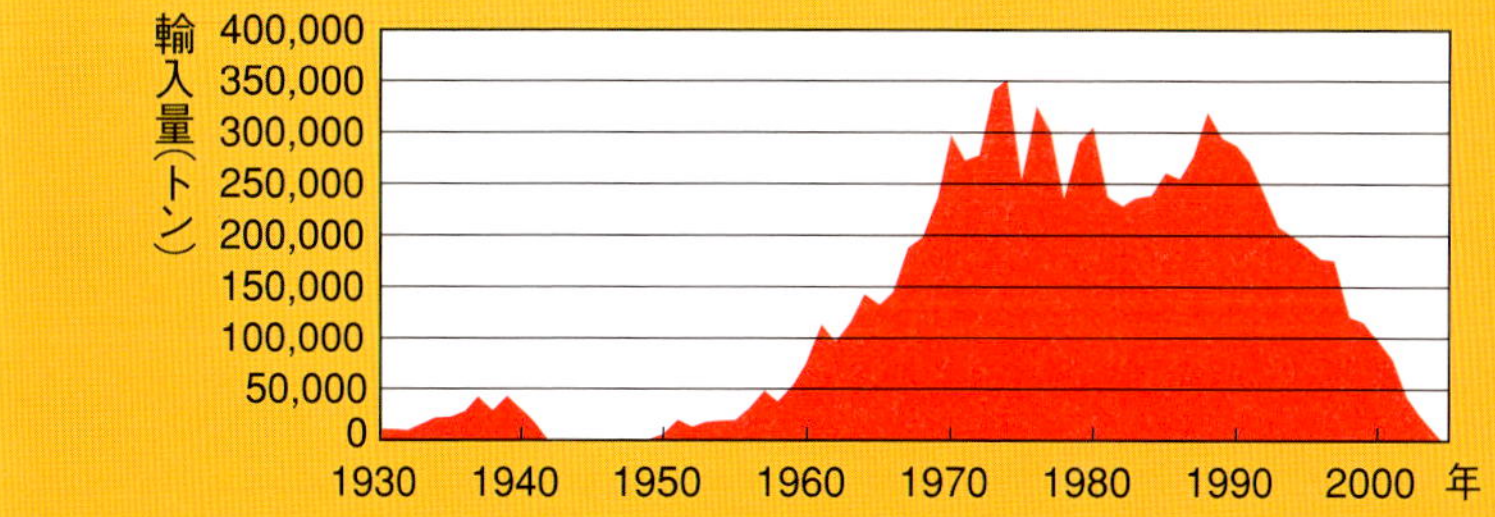

図2　使用部位別にみた石綿（アスベスト）含有建築材料の種類一覧

使用部位	石綿含有建築材料の種類
内装材（壁、天井）	スレートボード、けい酸カルシウム板第一種、パルプセメント板
天井吸音／断熱板	ロックウール吸音天井板、屋根折半用断熱材、吹き付け石綿、石綿含有吹き付けロックウール
外装材（外壁、軒天）	サイディング、スラグ石膏板、押出成形品、スレートボード、スレート波板
屋根材	スレート波板、住宅屋根用化粧スレート
床材	ビニル系床タイル、フロア材
耐火被覆材	吹付け石綿、石綿含有吹き付けロックウール、耐火被覆板、けい酸カルシウム板第二種

トに関することをより多くの人が正確な情報として、える必要があります。

アスベストによる被害

アスベストはかなり細かい繊維で、長さが1μm以下というものが多く、空気中に浮遊しており、車のブレーキパッドにも利用されていることから、空気環境のなかに少なからず含まれています。だとすると、危険な濃度はどのくらいかという問題がありますが、アスベストについては、それが一概にいえないといった問題があります。どんなに濃度が低くても、健康被害を引き起こす可能性はゼロではなく、日常的に長い年月暴露されると発病するものだからです。ただし、一応「空気1リットル当たり10本以下」というのが目安になるといわれています。

生活の中にあるアスベスト（石綿）

アスベストは、天然鉱物から採取される繊維で、優れた耐熱性、耐摩耗性、耐薬品性などを持っており、1960年頃から急速にさまざまな製品に利用されだしました（図1）。その代表例として建材が挙げられます。建築物には人命や財産の保護といった面から防・耐火性が求められ、その要求に対してアスベストの持つ耐熱性はほかに類を見ないほど優れた性能を有していたため、建築物のなかでも耐火性の求められる部位にはアスベストを含む建材（以下、アスベスト含有建材という・図2・P177）が使われていることが多いのです。例えば、同じ内装材のパネルをとってもキッチンのコンロまわりの壁などにはアスベスト含有建材が利用されている可能性が高くなっています。

アスベスト含有建材は、飛散性と非飛散性の製品に分けることができ、吹き付け材などの飛散性アスベストは健康被害に及ぼす危険性が高いです。一方、非飛散性アスベスト製品は、アスベストを原料の一部として練り混ぜる形でパネル状に成形された建材です。非飛散性の製品は危険性が少ないものの出荷量は多く、また、見た目にはアスベストが含まれているか否かを判別することは困難です。また、これらの成形品は下地材として使われていることが多く、仕上げ材に隠れて目に触れることが少ないのです（写真1）。

対処方法

しかしながら、普段の生活のなかにあるアスベスト含有建材は、建材自体が健康被害を引き起こすものではありません。健康被害は、アスベスト繊維が呼吸器系に入ることによって

起こるのに対し、多くのアスベスト含有建材は、セメントや樹脂などによってその繊維が固定化されているためです（写真2）。飛散性の吹き付け材で、かつ繊維がほぐれてしまっているような状態のものは、空気中に繊維が放散されやすく危険ですが、それでも繊維系の吹き付け材すべてがアスベストを含んでいるとは限りません。

アスベスト含有建材が存在する室内で、実際にアスベスト濃度を測定した結果などを見ても十分に基準値を下回る結果などもあります。ただ、アスベスト含有建材を割ってしまったりすると、内部から繊維が空気中に放散されてしまうので、注意が必要です。つまり、もっともよくないことは、アスベスト含有建材を見つけたからといって、それを素人工事で剥がしてしまうことです。

建築物の解体・改修工事に注意

アスベスト含有建材に対して日常の生活のなかでの問題は少ないでしょう。しかし、建築物を解体したり、改修・リフォームしたりする場合などは、大きな問題となります。解体工事に従事する作業者の健康にとって問題であると同時に、適切な処理（敷地まわりをシートで囲むなど）が施されないと解体工事現場周辺の環境にアスベストが飛散する危険性が

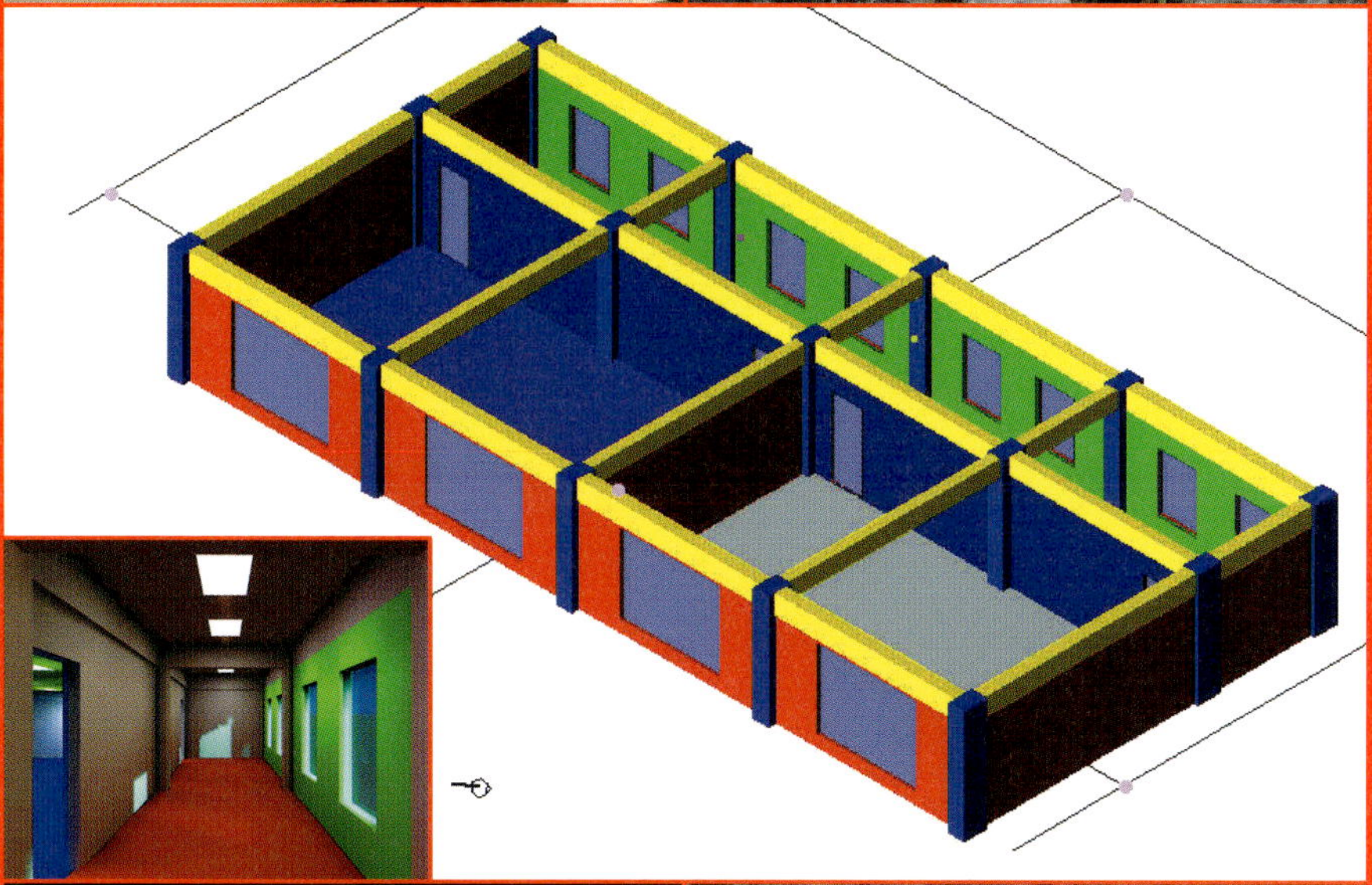

1. (写真1)アスベスト含有建材を天井下地材に使用している例(図中朱囲部分)
2. (写真2)アスベスト含有建材の例(床材：Pタイル)
3. (写真3)躯体の解体
4. (写真4)内装材の撤去と分別
5. (写真5)解体設計図面のCAD化(材料種別ごとに色分け)
6. (写真6)CG化による内装材の確認画像(材料種別ごとに色分け)
7. (写真7)コンクリート用再生骨材
8. (写真8)再生プラスチック床材(表面の印刷層以外はリサイクル樹脂)

あり、近隣の住民に迷惑をかけることになるからです。解体される建築物の所有者は、通常解体する際に現場に立ち会うことはないので、所有者自身にアスベストによる被害が及ぶことはありませんが、周りの人から白い目で見られるようなことは避けたいところです。

また、アスベストを適正処理することによって解体工事にかかる費用が高くなる問題もあります。2割程度高くなるといった話も聞きますが、正確にどの程度高くなるかについて目安となる数字はありません。そのため、悪意のある業者に任せるとアスベスト処理を理由に法外な金額を要求されることがあるかもしれないので注意が必要です。これには、適正な業者を見極める目を持つことが重要ですが、一般の人たちがそのような目を持つことはまれです。できる限り、専門家に相談するか、見積もりを数社からとり、適正に処理費用が見積もられているかを検討するなどの対応を勧めます。

資源循環を考える

建築物は、さまざまな生活の場として価値あるものですが、多大な資源を投資してでき上がっています。将来のあるべき姿を考えるうえでは省資源・省エネルギーの観点に立った社会づくりが必要です。日本では工業用原料、食糧など年間20

数億トンの資材が使用されており、このうちの50％弱が建築物や土木構造物などに利用される建設資材で、その意味で省資源や資源循環といった観点に対して建築の果たす役割は大きいのです。そこで、寿命を終えた建築物から発生する廃棄物を、いかに資源として有効に活用するか、そして有害な廃棄物をいかに適正に処理するかを考えてみます。

解体設計とは

誰もが建築物を建てるときには、設計図や仕様書を作成して、確認しながら計画どおりにできているかを確認します。では、建物を解体（写真3・以下写真はすべてP179）するときはどうでしょうか？

一般には、どのように壊すかについて、作業の安全性を考慮に入れることはあっても、壊すもののなかに有害なものが含まれているか、あるいはそれらがごみとなって最終処分されないよう（つまりリサイクルできるように）といった配慮は少ないです。

建設リサイクル法が2002年に施行され、コンクリートや木材といった建設資材についてはリサイクルが義務化されました。木、コンクリート、プラスチックなど、いろいろな種類の建材をリサイクルしやすいようにするには、建築物を解体するときに、それぞれを分別することが重要になります（写真4）。これは、家庭で出るごみを〈燃えるごみ〉、〈金属〉、〈ペットボトル（プラスチック）〉などに分別して捨てるのと同じです。

筆者らは、建築物を分別して解体するため、どのような建材がどこにどれだけ使われているかを事前に調べ、これを図面情報（写真5、6）として作成し、その情報に基づいて解体計画を立案する『解体設計』を提案しています。

この『解体設計』では、解体される建築物を事前に調査するので、その過程で当然アスベストのような有害物がどこに、どれだけ存在するかなども調べることになります。

解体設計による効果

有害物が存在していると、その処理にかかるコストが必要となるので、事前調査を怠ると適正な工事契約が結べません。適正な金額で契約を行わないと、有害物があっても、適正な処理を行わないことがあるかもしれないのです。適正な処理とは、解体作業従事者に対して被害が及ばないような労働安全上の配慮・処理、近隣環境に被害が及ばないような配慮・処理、不法投棄などのない適正な最終処分などのことをいい、これらを怠ると誰かに必ず被害が及びます。

『解体設計』を行い適切に分別された廃棄物は、資源としてリサイクルできるものもあり、筆者らは、リサイクル建材の技術開発にも努めています。コンクリートを破砕処理して、再度コンクリートに戻す技術（写真7）や、カーペットタイルからカーペット部分の繊維を除去し、プラスチックタイル部分を再度床材用のシートに戻す技術（写真8）などです。

つまり、『解体設計』により適正な工事契約が結ばれるとともに、有害物の適正処理が行え、またリサイクルを促進できるのです。『解体設計』とは、建築物に利用された資源循環のための一つのツールです。また、発生する廃棄物の分別という、はじめの一歩を踏み違えると資源循環のすべてが台無しになることを防ぐ、重要なツールでもあります。

有限の資源を残す

われわれの世代は、利便性を第一にいろいろな材料を開発するとともに資源として浪費してきました。しかしながら、有限の資源をどのように次世代に残すか、その対応は、団地再生を考えるうえでも重要な要素となるでしょう。

建築学生は団地再生に興味があるか

団地再生卒業設計賞応募作品より

古来から日本には「再生」の文化が根づいている。この伝統は、未来へ必ず受け継がれていく。２００４年の第１回団地再生設計賞に出展された作品を見て、そう実感した。将来を担う若者のアイディアを振り返りながら「再生」について考える。

建築家・滋賀県立大学 環境科学部 教授
松岡拓公雄

まつおか・たけお
１９５２年北海道生まれ。建築家・滋賀県立大学環境科学部教授。東京芸大大学院修了。丹下健三に師事後、アーキテクトファイブ設立、札幌モエレ沼公園など

建築の再生とは

日本では古来、建築を「再生」するという概念は、特殊なものではなく、むしろ普通で身近なものでした。つまり木造建築文化の国では木材や土そのものが、そのまま再構築できるすばらしい再生素材であったのです。決められた寸法の木材や畳や建具などは、ほかの家でも使え、基礎の石まで移築使用できるシステムは日本独自のすばらしいアイディアでした。日本は昔から木造で独自のプレハブ化を確立し、しかも再生、再利用ができる先進的な建築文化を持った国だったといえます。これは建築だけではなく生活や文化にまで深く浸透した考え方でした。それは世界語にもなりつつある「もったいない」という言葉にすべていい表されています。英語ではリファイン、リノベーション、リニューアル、リユース、リサイクル、コンバージョンなど多くの言葉になってしまい、「もったいない」に当たる言葉はありません。日本では、そのたった一言でくくってしまえる再生文化があったのです。

現代はどうでしょうか。再利用するという選択肢を当然のように考える発想は、戦後高度成長とバブルを経験し、消費社会が美徳になり価値観のずれが生じ、日本では忘れられてしまったのです。現代のプレハブや建築は再生どころか、素

材も人工的でつるつるピカピカのものが「きれい」とされ、古びていくよさなど眼中になく、一般大衆である消費者は利便性に魅力を感じ、住宅まで車を買うようにカタログから選ぶようになってしまいました。それに慣らされ、きれいで新しいものでなければよいものではないという観念が定着し、再生は日常から消滅しかかっていたのです。

しかし、ここにきて、地球規模に及ぶ環境汚染やエネルギー枯渇の問題に関して、科学者らがその警告を発しはじめた50年前に比べると、格段に意識が強くなってきました。それを「地球や環境にやさしい」などのコピーで、商業ベースで扱うにしろ、関心が高まってきたのは事実です。京都議定書で求められたようにCO_2の排出量に関しては建築による影響がかなり大きいことを考えると、戦後の社会がつくり上げてきた土建国家のような勢いではもう建築はつくられるべきではないのです。制度的にも倫理的にもこのままではどこか破綻してしまう、そのことにようやく気づき、各業界も模索を始めたところです。

なぜ団地再生なのか

そのような背景で、「団地再生」は環境再生やまちづくりへの大きな取り組みとしても非常に期待されるプロジェクトに間違いありません。日本には約７００万戸の団地がすでに存在しています。しかし団地再生は本書で紹介されたように、ヨーロッパでは定着しているのですが、日本国内ではほとんど実施の例がありません。新築がほとんどです。かつて、都市再生機構の前身である住宅公団に残す形での建て替えができないのかと聞いたことがあります。「なぜ、日本最大の集合住宅の保持者がそれを先駆的にやらないのか」と。

答えは、老朽化や陳腐化から対応を必要としているので試みたことがあるが、制度的制約や産業体制不備から「団地修繕」と「団地建て替え」の二者択一が余儀なくされているということ、そして再生にも取り組んだが、設計や施工に手間と時間がかかる割には新築に比べ人気もないということでした。

そこには環境を総体としてとらえる大きな意義と危機感がまだ欠落していることを感じました。今のままでは住宅供給に対する社会的投資量を増大させるという意味での経済問題と、地域コミュニティの崩壊という社会問題を誘発するといわれています。しかし優れた例が海外には多々あるわけですから、われわれは日本独自の感性を思い起こし、それらの知恵や経験を謙虚に学ぶべきです。最近になってNPO団地再生研究会や団地再生産業協議会の活動が活発になり、ようやく行政も腰を上げ協力体制ができつつあります。

建築科の学生の団地再生への意識

2004年から澤田誠二明治大学教授らが中心になり、NPO団地再生研究会や団地再生産業協議会の企画・主催で問題意識を共有する初めてのフォーラムを開催、全国の建築系大学の卒業設計のなかから、「団地再生」をテーマとするものを公募し、第1回「団地再生卒業設計」賞が実施されました。どの程度、建築を学ぶ学生に団地再生の意識があるのかを知る意味でもこの試みは大変意義があり、また、この活動を全国的に認知させることによる教育的効果も狙ったものとして優れた方法です。この応募には思っていた以上の22作品が集まり、審査は建築生産分野で先駆的な研究者である東大名誉教授の内田祥哉氏（団地再生産業協議会会長）、環境をテーマにした建築家の野沢正光氏（NPO団地再生研究会理事長）と同じく環境建築を実践している私、松岡拓公雄の3名が審査に当たりました。着実に団地再生を課題にしている学生が全国に大勢いたことを喜ばしく感じると同時に、強く関心が持たれていることに、改めてこの事業の重要さを逆に教えられました。このコンペは来年3回目を予定しています。学生がどのように考え、提案しているのかいくつかご報告しましょう。

学生は何を考えているのか

「団地再生卒業設計」賞の1回目を振り返ってみます。提案には、典型的に配置された住居群の背景にある硬直化した住宅供給・運営システムに対する問題提起、あるいは構造的、パーツ的な持続可能な再生の方法などの提案、建築そのものでなく時を経て成長してきた外部空間やコミュニティに着目したものなどに大きく分かれますが、多種多様でいずれも興味あるものでした。

内田賞となった慶應義塾大学の加曽利千草さんの案の場合。タイトルは「団地が持つストックを活かした新たな都市居住空間の研究及び提案」。この提案は三鷹の牟礼団地を対象とし、地と図の関係を反転し、外部空間の価値を見いだしたものです。現在の団地に残された環境は、都市の高密度化によって、逆に取り残された緑地や外部空間が独特の雰囲気を持ち、実は際立って価値があるということに着眼しています。その空間を住居性能維持のための「マント空間」と名づけ、その外部空間を多角的に見直し、新たな関係に価値を構築しようとしています。「マント空間」との接点である中間領域のしくみ、あるいは周辺にまでその恩恵を広げようという再生アプローチが新鮮でした。

団地再生卒業設計賞の横浜国立大学の国沢和明君のタイ

1
3 2

1. 横浜国立大学・国沢和明君の作品
2、3. 展覧会の風景

トルは「recreating AIRこれからの都市、これからの団地」。横浜の都市を背景に、再開発に取り残されていくであろう20世紀の遺物である団地の風景を継承し、再生の要素として、新しく台頭してきた文化、芸術活動というニーズを半公共的な形で取り込んでいこうという発想です。既存の住棟からにじみ出てきたそのニーズ空間が新しい外部空間を創出し、やがて一つの新たな環境へと、段階的に再構成されていく提案でした。技術的、構造的な再生プロセスのイメージは弱いのですが、場所性、都市性を読み込んだ長期的な団地再生のプログラムの提案としては評価すべき提案です。

団地再生卒業設計賞の大阪市立大学の西本恭子さんのタイトルは「いろいろ ごろも」。構造技術面、エネルギー面、機能面、環境面、システムなどさまざまなレベルでの再生手法を説きながら、実際の例をケーススタディし、画一的な再生でなく個別に対応していくことを提示した、ある意味で現実的で正当な期待をされていた案の一つでした。具体的には既存の住棟の配置や構成を守り、むしろ固定された均質な団地モデュールをベーシックフレームとしてとらえ表層的な再生手法に徹していたのですが、生活者の視点から、きめ細かく内外の空間をとらえており、生活の豊かさが伝わる案でした。

奨励賞の東京電機大学の牧野恭久君のタイトルは「ダンチノユクエ」。彼の作品は、住棟が増築、あるいは減築していくプロセスがユニークです。日照、日影や地形を分析し、まだ利用できる空間を探して新しい空間が自然派生していくようなシステムをデザインしています。現実性に欠けるのが欠点ですが、既存の四角い団地建築が有機的な形態へと、建築というよりランドスケープ的な建築に変容する様が非常におもしろく刺激的であり、このような再生形態の柔軟性も発想としてあってよいでしょう。

これからの「再生」教育

これら学生たちの案は、住人の合意形成の方法やコスト、技術などを解決しなければ実際には不可能なものばかりですが、その提案のマインドを学生が持っていることが重要なポイントです。江戸時代にある意味で確立されていたような、ものを大事にし、何回もその使命をまっとうするまで使い、かつ、ほかのものへ再利用していく精神が、結局は限りある資源とエネルギーを、さらにまわりまわって環境を保全していくのです。私たちにできる地球と生きていくための作法だといえます。それが当たり前の日常生活に織り込まれなければ、後を継ぐ子どもたちの未来はありません。建築の教育には、根幹にそのようなベーシックな思想をデザインマインドとして共有していけるような姿勢が求められています。

団地再生を卒業設計に選んだ学生たちは日本国内の同時多発的な住環境の危機に目覚めた人々です。団地に限らず、再生の意味を形にしていく学生は増えつつあります。設計する際にも物流や素材の履歴、生産、環境性能まで意識が及び、解体されるとき、またその後の部材や素材の行方まで管理できるような設計内容にこれから変えていく必要があるでしょう。「スクラップ・アンド・ビルド」と「再生」が同じ土俵に乗り、対等であるような教育こそ健全であると私は考えています。

Model Photograph

大阪市立大学・西本恭子さんの作品

団地再生に取り組む

――活動報告

千葉県

NPO法人ちば地域再生リサーチ

愛知県

名古屋建築会議（NAC）・団地再生を考える会

「拡大」名古屋圏の団地再生を考える会

滋賀県

特定非営利活動法人エコ村ネットワーキング

大阪府

都市住宅学会関西支部

「住宅団地のリノベーション研究小委員会」

NPO法人ちば地域再生リサーチ

千葉大学 助手
鈴木雅之

◆団地住民とともにコミュニティビジネスと地域活動を推進

稲毛海浜ニュータウンの団地を、高齢者が安心して暮らせる終の住処とし、新たな居住者を地域に呼び込むような魅力ある住宅地に再生する——。これを目指して「住まいと街のリフォーム」「地域の福祉」「市民生活の支援」「地域文化の創造」「地域・行政との協働」の五つを重点項目として活動している。

高洲・高浜団地は、１９７０年代前半から開発が進んできた稲毛海浜ニュータウン内にある。築後30年～40年を経過し、住棟の老朽化、人口減少、空き家、住民の高齢化という問題が現れ、衰退が始まっている。約1万８０００戸ある住宅のうち、約7割が5階建て・エレベータなしの住棟群である。

当初はほとんど関心を持たれなかったが、今では団地住民と日常生活を支える商店会と協働して、居住と生活をサポートするコミュニティビジネスと地域活動を実践している。

・DIYリフォームサポート

住民自らが自宅の模様替えや改装を行うためのＤＩＹ講習会を開催。人気の高い講習は壁紙の張り替え講習で、リタイアしたリフォーム技能者が指導にあたっている。利用者宅に出張してＤＩＹをアドバイスしたり、壁紙・ふすま紙など材料選択への助言も行う。

稲毛海浜ニュータウン内の高洲・高浜団地

・リフォーム・住宅修理

リタイアした技能者や講習を受けた住民スタッフがリフォームや住宅の修理作業にあたっている。ふすま紙・網戸の張り替え、カギの取り換えなどの小さな注文から、壁紙・フロアシートの張り替えなどの大がかりな注文まで、地域の住民が親身に対応している。

・買い物サポート

利用者がショッピングセンターで購入した商品を、ちば地域再生リサーチのスタッフである住民が1回50円で利用者宅まで配達。高齢者や小さな子ども連れの主婦に人気。

・活性イベント「街の道具箱《レシピ》」

ちば地域再生リサーチの活動内容や千葉大学による団地再生プランを展示すると同時に、団地住民からの課題や生活情報を集めるイベントを毎年開催。２００６年3月のイベントでは住民が手掛けた作品が多く寄せられるなど、年々規模を拡大している。

・団地住民との勉強会

団地や地域を調べている住民や、居住環境を改善しようとしている住民を見つけだして勉強会を開催し、団地再生のあり方を一緒に考えている。

・小学生との団地再生ワークショップ

団地内にある小学校の総合的な学習の時間を利用して、団地の特徴を探し出したり、未来の団地像を描くワークショップを千葉大学の学生たちと一緒に取り組んでいる。

NPO法人ちば地域再生リサーチ

概　要

「専門知識と技術を持つ教員、若い感性を持つ学生との協働」という特徴をもつNPO組織。2001年から活動を開始し、2003年8月設立。構成員は24人（会員15人、正社員2人、パート7人）。事業規模は約1,200万円。

連絡先

〒261-0004 千葉県千葉市美浜区高洲
2-3-14　高洲第一ショッピングセンター内
代表者：服部岑生
TEL：043-245-1208　FAX：043-245-1208
E-mail：ask@cr3.jp　URL：http://cr3.jp

地域に提供しているサービス内容

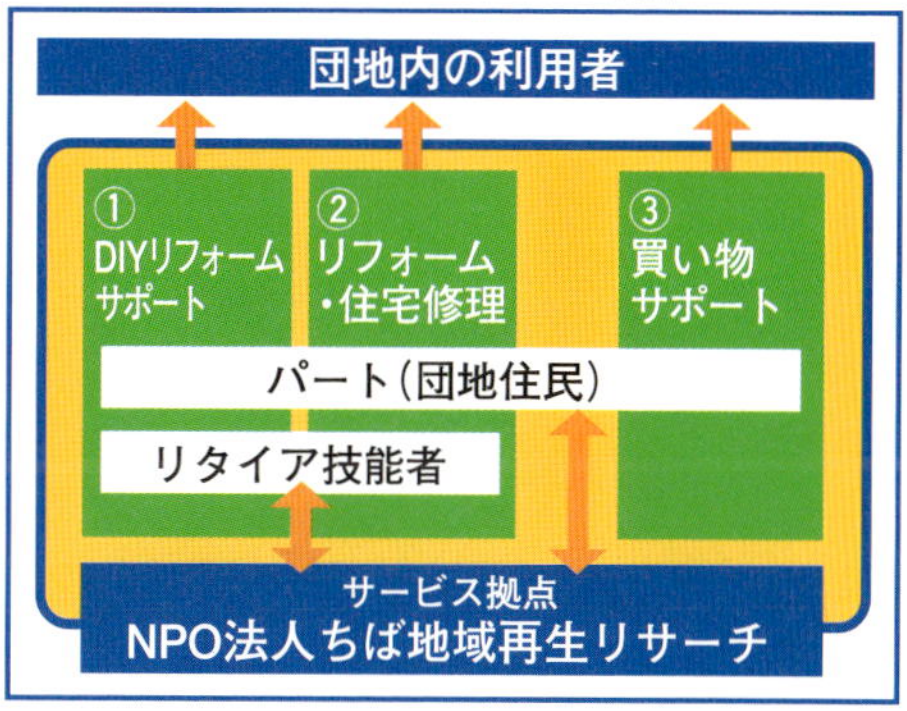

名古屋建築会議（NAC）・団地再生を考える会「拡大」名古屋圏の団地再生を考える会

椙山女学園大学 生活科学部 助教授
村上 心

◆名古屋の団地再生を活性化するために

「名古屋」大都市圏は、名古屋都心から半径約20kmの名古屋市圏域と、岐阜・多治見・豊田・岡崎・四日市・桑名・大垣などの都心から20～40kmの範囲に散在する多核的都市圏域から構成されている。名古屋市圏域の境縁部には、千里ニュータウン・多摩ニュータウンと並んで、わが国でもっとも古く（1965～1981年）開発された大規模ニュータウン「高蔵寺ニュータウン」が立地しており、それを境として都心部には集合住宅団地が、郊外部には戸建て住宅団地が主に見られる。高蔵寺ニュータウンの賃貸集合住宅では、空き家対策として「2戸1改造」を全国に先駆けて多くの住戸を対象に実施した。郊外戸建て住宅団地には、数%～40数%の空き区画が生じており、この活用方法の策定が課題となっている。

これら名古屋圏の団地の再生への取り組みをさらに活性化することを目的として、名古屋建築会議（NAC）・団地再生を考える会（＊1）が、これまで2回の団地再生卒業設計展・団地再生シンポジウム「ストック活用における建築デザインの可能性」（＊2）を主催している。この考える会は、名古屋

高台にある高森台地区の住戸から高蔵寺ニュータウンを望む

圏に在住する若手の建築関連の大学教員と若手建築家・アーティストなどで組織され、地域活性化計画の提言やイベントなどの名古屋圏の環境向上のためのさまざまな活動を行っている。団地再生シンポジウムへは、都市再生機構中部支社などの所有者、マンション管理組合関係者、住宅メーカーなどの出席者から大きな反響が寄せられた。また、郊外戸建て住宅団地の再生へ向けた研究活動としては、都市住宅学会・中部支部・住宅市場研究会（＊3）が、多治見・可児両市内の団地および高蔵寺ニュータウンの4万数千区画を対象とした空き地・空き家の実態調査を2005年度に実施し、多治見市文化会館において市長・市民・市役所職員に対する報告会を実施した。

今、名古屋では、団地・集合住宅にかかわる住民、設計・施工の実務者、所有者、管理者、部品メーカー、エネルギー関連会社、研究者などの団地再生への注目と期待が高まっており、このさまざまな立場から同じ方向へ向けられた意識の高まりを統合する受け皿となる組織やプロジェクトの実現が求められている。

＊1：名古屋建築会議のメンバーのうち、村上心（前掲）、恒川和久（名古屋大学）、清水裕二（愛知淑徳大学）、宇野享（シーラカンスアンドアソシエイツ／C＋A）、五十嵐太郎（中部大学：当時、現：東北大学）、武藤隆（武藤隆建築研究所）、中野稔久（構造設計家）、元岡展久（椙山女学園大学：当時、現：お茶の水女子大学）、山田幸司（山田幸司建築都市研究所）などがシンポジウムに参加した。

＊2：第1回団地再生シンポジウム（2004年10月15日）では、澤田誠二（明治大学理工学部）の基調講演の後、パネルディスカッションが行われた。第2回団地再生シンポジウム（2005年11月23日）では、延藤安弘(愛知産業大学、NPOまちの縁側育み隊)、三宅醇(都市住宅学会中部支部・支部長、東海学園)、伊藤芳徳（独立行政法人都市再生機構中部支社）、小杉学（愛知産業大学）、渡利真悟（滋賀県立大学大学院）、および名古屋建築会議のメンバーらが講演・パネルディスカッションを行った。熱心な討議が続いたパネルディスカッションの最後には、名古屋建築会議に講演者たちを含めた「「拡大」名古屋圏の団地再生を考える会」の結成が確認された。

＊3：メンバーは、海道清信（名城大学、研究会代表）、三宅醇（前掲）、遠山正美（中部都市整備センター）、青山崇（多治見市役所）、村上心（前掲）

名古屋建築会議(NAC)・団地再生を考える会
「拡大」名古屋圏の団地再生を考える会

連絡先
〒464-8662
名古屋市千種区星が丘元町17-3
椙山女学園大学
生活科学部　生活環境デザイン学科
村上 心
TEL：052-781-1186(ex.183)
FAX：052-782-7265(学部共用)
E-mail：shin@sugiyama-u.ac.jp

大規模再生が行われた高蔵寺ニュータウン・賃貸住棟

特定非営利活動法人エコ村ネットワーキング

滋賀県立大学 環境科学部 教授
仁連孝昭

◆都市にも農村にもエコ・コミュニティを

コミュニティを自律的な自然と人間の共存の場にしていくことが、人間社会とそれを支える経済の強靭さを生み出し、自己維持能力の高いコミュニティself-sustained community、国、地球社会を生み出すことになると私たちは考えている。

都市、農村、山村、どのような条件のところでも自己維持能力の高いエコ・コミュニティをつくりだすことが求められている。人口減少社会への入り口にすでに日本は入ってしまったが、それが地域から自己維持能力self-sustain-abilityを奪うのではなく、逆にそれを地域の自己維持能力を高めるために利用するようにしたい。

◆小舟木エコ村の実験

２０００年から始まった滋賀県下の産官学民各界の協働で始められたエコ村づくりは、ようやく「小舟木エコ村」建設の入り口まで到達した。小舟木エコ村は都市農村交流型のエコ村であり、新規に建設されるコミュニティである。２００３年に内閣府の「環境共生まちづくり事業」の一つとして位置付けられ、調査と計画づくりが進められてきた。

グンター・パウリ氏を招いたエコ村づくりワークショップ

小舟木エコ村プロジェクトの目標は持続可能なコミュニティを目に見えるものとして示すことであり、そこへ至るプロセスを示すことである。したがって、ここで持続可能な社会への課題との格闘こそがエコ村の価値となると考えている。エコ村づくりのなかで23の課題を挙げているが、そのうちのいくつかを紹介する。

・農と食をつなぐプロジェクト

家庭菜園、エコ村農場から地域の農産物を地域で循環するしくみをつくり、それを地域の農業につなげる大きな輪にすることによって、健康な身体、健康な環境、健康な農業、健康な地域経済へと導く取り組み。

・自前エネルギーを育てるプロジェクト

自前でエネルギーを自然界から取り出し、それを利用するしくみを自前で育て上げることは不可能ではない。身近に存在する太陽熱、地温、太陽光、水の流れ、近隣の里山の樹木など利用可能なエネルギー源を、生産、貯蔵、融通、利用の方法を工夫することによって自前エネルギーとして利用し、地球温暖化ガスの排出を減らすことにつなげる。

・パッシブなライフスタイルを実現するプロジェクト

日本の文化は四季の移ろいを大切にしそれとうまくつきあう中で育まれてきた。ライフスタイルそのものがパッシブであった。エコ村では、パッシブなエネルギー利用技術を応用した住宅をつくるだけでなく、パッシブなライフスタイルを実現する住宅と住環境をつくり出すことが重要な取り組みである。

特定非営利活動法人エコ村ネットワーキング

概　要

2000年11月、持続可能な社会のモデルを築き上げるために、滋賀県の研究者、経済人、行政そして市民が集まり設立。エコ村づくりを目標に活動中。2003年11月に特定非営利活動法人として登録した。

連絡先

〒522-8533 滋賀県彦根市八坂町2500
滋賀県立大学環境科学部仁連研究室内
仁連孝昭
TEL/FAX：0749-28-8348
E-mail：info@eco-mura.net
URL：http://www.eco-mura.net

小舟木エコ村建設予定地（約15 ha）

都市住宅学会関西支部「住宅団地のリノベーション研究小委員会」

武庫川女子大学 生活環境学科 教授
大坪　明

◆シンポジウムをきっかけに

２００１年11月に大阪で「集合住宅リニューアルから団地再生へ」と題した国際ワークショップが行われた。これは、ＮＰＯ団地再生研究会の前身である任意団体としての団地再生研究会を中心として関西のメンバーも加えて実行委員会が組織され、旧東ドイツの小都市・ライネフェルデで団地再生を実行しているラインハルト市長を招いて、住宅団地や集合住宅に関する関東・関西の研究者・実務者を交えて開催したもの。２００名弱の参加者を集めた。関西において「団地再生」と銘打って開催された、おそらく最初のシンポジウムである。これを受けて、関西で団地再生を考える組織を立ち上げようと、都市基盤整備公団（現・都市再生機構）や都市計画コンサルタント・設計事務所のメンバーが中心となり、２００２年に都市住宅学会内部に「住宅団地のリノベーション研究小委員会」を発足させた。同年12月、「イギリスにおける住宅団地のリノベーション」（講師・鈴木克彦京都工芸繊維大学助教授）と「居住空間の再生、ニューヨークの経験から」（平山洋介神戸大学助教授）という2編からなる発足記念講演会を開催した。約40名の参加があった。

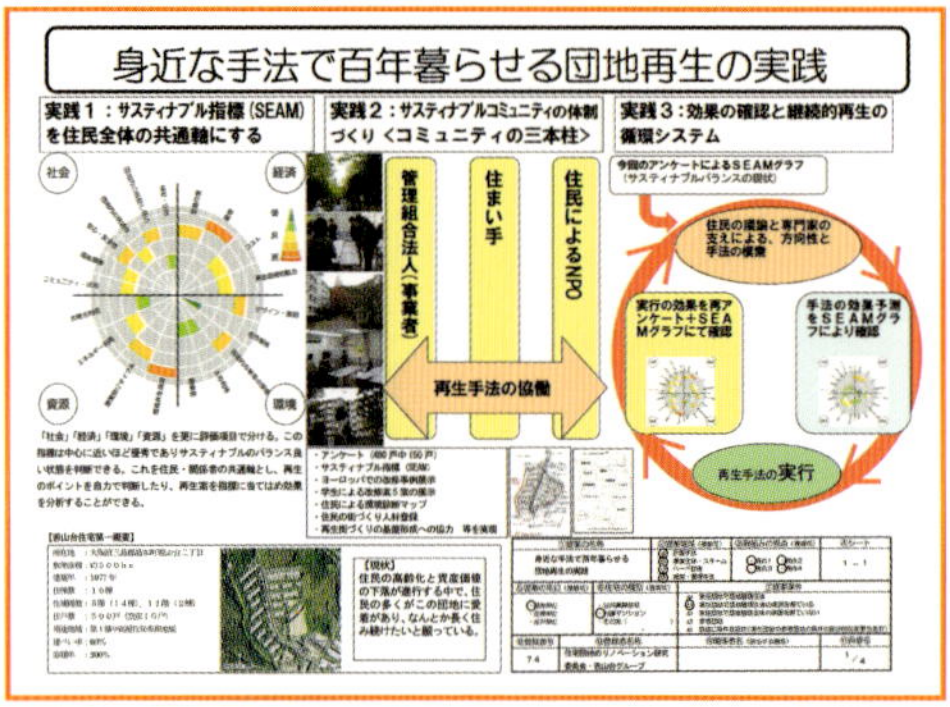

◆現地視察と意見交換会

当研究会は、発足当初には「目標像」「設計」「診断」「制度」の各事業4グループに分かれて、それぞれのテーマごとに団地における種々の問題点を洗い出し、また「生の声」として千里NTの住民などから団地における課題を聞いた。２００４年4月にはそれらを総括するシンポジウムを開き、各研究グループの発表を行った。また、同年12月にはNPO団地再生研究会との共催で第1回団地再生卒業設計賞展大阪展を開催し、同時に「欧州団地再生事例から考えるストック活用」という特別講演を小生が行った。

２００５年前半は、いくつかの団地の実情を探るために、各地の団地に詳しいスピーカーが研究会で現状を発表していった。そこに、前年の卒業設計賞展を見た某団地管理組合の理事長からの相談を受けた。当該団地を視察するとともに管理組合のメンバーとの意見交換を行った。２００５年秋には、国土交通省が財団法人ベターリビング協会を通じて「共同住宅団地の再生に関する提案募集」を行ったが、研究小委員会有志で件の当該団地を題材にしてソフトを中心に提案した。さらに、同年12月には第2回団地再生卒業設計賞展をJIA近畿支部大会の会場を拝借して開催している。

２００６年3月末には、京都工芸繊維大学、滋賀県立大学、大阪市立大学から、団地再生をテーマとした修士論文の発表が、4月には東京理科大学の学生が既存集合住宅の住戸を自力で改修した事例見学の発表が、研究会において行われた。

都市住宅学会関西支部
「住宅団地のリノベーション研究小委員会」

概　要
毎月例会を開き、団地再生に関連する種々の情報交流やそれに基づく研究・提案などを行っている。

連絡先
社団法人 都市住宅学会関西支部
〒540-6014 大阪市中央区城見1-2-27
クリスタルタワー14階
TEL：06-6949-5751
FAX：06-6949-5741
URL：http://uhs-west.sucre.ne.jp/

第1回団地再生卒業設計賞展大阪展の様子

著者プロフィール

編集委員

澤田誠二　さわだ・せいじ　1942年生まれ。明治大学理工学部建築学科教授、工学博士

大坪　明　おおつぼ・あきら　1948年生まれ。武庫川女子大学生活環境学部教授。株式会社アール・アイ・エー顧問。NPO団地再生研究会理事

永松　栄　ながまつ・さかえ　1956年生まれ。地域デザイン研究所代表取締役、東京芸術大学大学院非常勤講師

済藤哲仁　さいとう・てつじ　1970年生まれ。早稲田大学大学院修了後、現代計画研究所に入所、建築家・藤本昌也に師事。近年、韓国の集合住宅やつくばの田園都市に取り組む

第1章

西村紀夫　にしむら・のりお　1943年生まれ。市浦ハウジング&プランニング専務取締役、京都工芸繊維大学非常勤講師

雨宮守司　あめみや・もりじ　INA新建築研究所代表取締役社長。1964年INA入社。主に地域開発・市街地再開発に従事。1998年より現職

渡利真悟　わたり・しんご　1980年生まれ。滋賀県立大学大学院修了。有限会社アーキテクトタイタン共同主宰。2005年10月までドイツ・ライネフェルデにて団地再生事業研究

澁谷　昭　しぶや・あきら　1939年生まれ。渋谷昭設計工房代表取締役。オープンビルディング方式による「高耐震健康百年住宅」を設計・施工

第2章

野沢正光　のざわ・まさみつ　1944年生まれ。野沢正光建築工房代表取締役、東京芸術大学大学院非常勤講師

西山由花　にしやま・ゆか　1975年生まれ。建築文化研究家。神戸大学卒業後ドイツ・バウハウス大学へ。その後東京での設計事務所勤務を経て、現在スイスに在住

小谷部育子　こやべ・いくこ　東京生まれ。日本女子大学家政学部住居学科教授。株式会社第一工房で建築設計監理業務に19年間携わる。1997年より現職

濱　惠介　はま・けいすけ　大阪ガス株式会社エネルギー・文化研究所研究主幹。大阪大学大学院客員教授。住宅・都市整備公団を経て1998年より現職。研究分野はエコロジカルな居住環境

第3章

福村俊治　ふくむら・しゅんじ　1953年滋賀県生まれ。チーム・ドリーム。関西大学建築学科大学院卒業。原広司+アトリエφ勤務後、沖縄にて活動。戸建住宅のほか、沖縄県平和祈念資料館などに携わる

佐藤健正　さとう・たけまさ　1944年生まれ。市浦ハウジング&プランニング代表取締役社長。都市計画コンサルタント協会理事

第4章

近角真一　ちかずみ・しんいち　1947年北海道生まれ。建築家・集工舎建築都市デザイン研究所所長。東京大学工学部建築学科卒業後、内井昭蔵建築設計事務所に勤務。1979年近角建築設計事務所に参画。1985年より現職

小野田明広　おのだ・あきひろ　1944年生まれ。共同通信 客員論説委員。共同通信社でソウル、ブリュッセル、ニューヨーク特派員を経て2004年4月末から現職

福田由美子　ふくだ・ゆみこ　広島工業大学工学部建築工学科助教授。熊本大学大学院修了後、1996年より広島へ。主に、居住者による住環境管理やまちづくりについて研究

福村朝乃　ふくむら・あさの　1968年生まれ。大学卒業後、会社勤務を経てドイツに滞在した経歴を持つ。沖縄県出身

鈴木雅之　すずき・まさゆき　1967年栃木県生まれ。NPO法人ちば地域再生リサーチ　事務局長。千葉大学助手。コンサルタント事務所勤務の後、2001年より現職。専門は都市・建築計画

第5章

釘宮正隆　くぎみや・まさたか　1947年生まれ。株式会社テクノプロト代表取締役。工業デザイナー、住宅部品プランナー

小山明男　こやま・あきお　明治大学理工学部助教授。研究テーマは、リサイクル建材開発、建設廃棄物一元化処理システム開発など

松岡拓公雄　まつおか・たけお　1952年北海道生まれ。建築家・滋賀県立大学環境科学部教授。東京芸大大学院修了。丹下健三に師事後、アーキテクトファイブ設立、札幌モエレ沼公園など

関連団体ホームページ

NPO団地再生研究会　www.danchisaisei.com/
団地再生協議会　www.danchisaisei.org/
合人社計画研究所　www.gojin.co.jp/

団地再生関連参考書籍

「団地再生」は日本ではまだこれからの分野です。この10年ほどの間に大学や企業でさまざまな研究と技術開発が行われてきました。それらをまとめた書物のなかで、読者の皆さまの参考になりそうなものを取り上げました。

「団地再生――甦る欧米の集合住宅」
松村秀一　彰国社　2001
集合住宅リノベーションを、その発生にさかのぼり、さまざまな要因と方策を整理している。

「団地再生のすすめ――エコ団地をつくるオープンビルディング」
監修：富安秀雄＋澤田誠二、編著：団地再生研究会、編：野沢正光　マルモ出版　2002
団地屋外環境リノベーションを対象にした初めての本。多様な再生プロジェクトを紹介。

「団地再生計画――みかんぐみのリノベーションカタログ」
みかんぐみ　INAX出版　2001
団地再生のデザイン・アイデアを、豊富な事例をもとに整理し提案したデザイナー向けの本。

「『住宅』誌5月号・特集『集合住宅の再生：アイデアから実践へ』」
社団法人日本住宅協会　2006
わが国の団地再生の推進に努める主要な組織の、最近の活動レポート。

「サステイナブル集合住宅――オープン・ビルディングに向けて――」
S.ケンドル＋ J.ティーチャー、訳：村上 心　技報堂出版　2006
今、世界が注目する住環境づくりのノウハウ「オープン・ビルディング」プロジェクト事例集。

「わが家をエコ住宅に――環境に配慮した住宅改修と暮らし」
濱 恵介　学芸出版社　2002
団地でエコ・ライフを実現しようとする人々の必携の書。自分で実験できるアイディアを紹介。

「サステイナブル社会の建築――オープンビルディング」
企画・監修：澤田誠二＋藤澤好一　日刊建設通信新聞社　1998
変わりつつある住宅のデザインと建設の業務について、その要因と方策をまとめて紹介。

団地再生まちづくり

建て替えずによみがえる団地・マンション・コミュニティ

二〇〇六年六月二二日　初版第一刷

編著　NPO団地再生研究会
　　　合人社計画研究所

発行者　仙道 弘生
発行所　株式会社 水曜社
〒160-0022 東京都新宿区新宿一-一四-一二
電話 〇三-三三五一-八七六八
ファックス 〇三-五三六二-七二七九
www.bookdom.net/suiyosha/

印刷所　株式会社 シナノ
制作　株式会社 青丹社
装幀　西口雄太郎

ISBN4-88065-174-5　C0052